金属切削加工与刀具
（第2版）

主　编　武友德（学校）

　　　　张跃平（企业）

副主编　孙　涛　方立志

主　审　李登万（学校）

　　　　钟成明（企业）

参　编　（学校）曹素兵　曾　荣　戬　磷　朱　彬

　　　　（企业）徐　斐　吴　勤　杨松凡

北京理工大学出版社

BEIJING INSTITUTE OF TECHNOLOGY PRESS

内 容 提 要

本书共分为"课程认识""刀具基本定义""金属切削的基本理论""切削条件的合理选择""车刀及其选用""孔加工刀具及选用""铣刀及选用""磨削与砂轮""其他刀具简介"9 个教学单元。

除了基础单元部分外,每个单元内容均按照"机械制造类专业的岗位能力要求",分析本单元承担的任务,选择合适的载体,将实际生产案例有机地融入教材中,做到课堂教学与生产实际的有机结合。

本书可以作为高等院校机械制造类专业学生用书,也可作为企业技术人员的参考资料。

图书在版编目(CIP)数据

金属切削加工与刀具 / 武友德,张跃平主编. — 2 版. — 北京:北京理工大学出版社,2020.8

ISBN 978 – 7 – 5682 – 8833 – 0

Ⅰ.①金… Ⅱ.①武… ②张… Ⅲ.①金属切削 – 高等学校 – 教材②刀具(金属切削) – 高等学校 – 教材 Ⅳ.①TG501②TG71

中国版本图书馆 CIP 数据核字(2020)第 142691 号

出版发行 /	北京理工大学出版社有限责任公司	
社 址 /	北京市海淀区中关村南大街 5 号	
邮 编 /	100081	
电 话 /	(010)68914775(总编室)	
	(010)82562903(教材售后服务热线)	
	(010)68948351(其他图书服务热线)	
网 址 /	http://www.bitpress.com.cn	
经 销 /	全国各地新华书店	
印 刷 /	唐山富达印务有限公司	
开 本 /	787 毫米 × 1092 毫米 1/16	
印 张 /	12	责任编辑 / 多海鹏
字 数 /	282 千字	文案编辑 / 多海鹏
版 次 /	2020 年 8 月第 2 版 2020 年 8 月第 1 次印刷	责任校对 / 周瑞红
定 价 /	59.00 元	责任印制 / 李志强

前　言

"金属切削加工与刀具"课程是机械制造类专业的一门主干课程。为建设好该课程，利用示范建设这个有利时机，学院联合企业组建了课程开发团队。教材的编写实行双主编与双主审制，由武友德教授和中国第二重型机械集团张跃平高级工程师联合担任教材主编，由李登万教授级高工和东方汽轮机厂钟成明高级工程师联合担任主审。

为了使"金属切削加工与刀具"课程符合高素质高技能型的技术应用型人才的培养目标和专业相关技术领域职业岗位的任职要求，课程开发团队按照"行业引领、企业主导、学校参与"的思路，经过认真分析机械制造企业中零件工艺编制、零件的生产制造等岗位的职业能力要求，制定了相应岗位的"职业能力标准"，依据本标准，明确课程内容，并按照企业相应岗位的工作流程对课程内容进行了组织。

本书的编写始终以"制造类专业岗位职业能力要求"所确定的该门课程所承担的典型工作任务为依托，以基于工厂"典型零件的加工"的真实加工过程为向导，结合企业生产实际零件制造的工作流程，分析完成每个流程所必需的知识和能力结构，归纳了"金属切削加工与刀具"课程的主要工作任务，选择合适的载体，构建主体学习单元；按照任务驱动、项目导向，以职业能力培养为重点，推行"校企合作、工学结合"，将真实生产过程融入教学全过程。

本书由学校与行业、企业合作编写，在《金属切削加工与刀具》活页教材的基础上，经过3年的试用和不断的修改，并与企业专家多次研讨，最终编写而成。

武友德教授编写教学单元1和教学单元2，由中国第二重型机械集团张跃平高级工程师提供相关资料，并协助编写。

朱彬副教授编写教学单元3，由东方汽轮机厂钟成明提供相关资料，并协助编写。

孙涛讲师编写教学单元4和教学单元6，由中国第二机械集团公司杨松凡高级工程师提供相关资料，并协助编写。

戢磷副教授、方立志讲师编写教学单元5，由中国第二机械集团公司徐斐高级工程师提供相关资料，并协助编写。

曹素兵讲师编写教学单元7和教学单元8，由东方电机股份有限公司吴勤高级工程师提供相关资料，并协助编写。

曾荣副教授编写教学单元9。

因该书涉及内容广泛，编者水平有限，难免出现错误和处理不妥之处，请读者批评指正。

编　者

目　录

教学单元 1　课程认识

1.1　课程的性质和定位

高职高专机械制造类专业,主要面向的是制造企业的设备操作、零件制造工艺与工装设计、产品装配与调试等岗位,培养高素质高技能型技术应用型人才。

产品的生产和制造,离不开检测量具或量仪、刀具、机床等工艺装备,而金属切削加工理论是解决金属切削过程中一般问题的理论基础,工艺文件是指导生产不可缺少的技术文件。工艺文件所反映的主要内容包含零件生产加工过程中所使用的刀具及参数、量具、机床设备、切削用量等。

"金属切削加工与刀具"是机械制造类专业一门主干专业课程,其培养目标就是要围绕生产加工岗位的能力要求,强化金属切削加工理论的学习,使学生具备分析和解决生产过程中一般问题的能力;会切削用量的选择;熟悉各类常用刀具的结构及能在生产中正确选择和使用刀具。

"金属切削加工与刀具"主要讲授金属切削加工过程中的切削变形、切削力、切削热与切削温度、刀具磨损与耐用度;常用刀具的选取及正确使用、切削用量及选用、切削液及其选用等基本理论,为分析加工过程中的一般问题提供基础理论保障;使学生具备常用刀具及其在生产中应用的知识;具备金属切削加工切削用量的正确选择能力。

1.2　该课程内容与其他课程内容的衔接

"金属切削加工与刀具"是机械制造类专业的一门主干专业课程,是学习机床夹具、金属切削机床、机械加工工艺等主干专业课程的基础支撑,各课程之间衔接紧密,只有掌握了金属切削加工与刀具知识,才能学好后续课程。

在"机床夹具"课程中,要用到切削力的计算,同时要了解常用刀具的结构及工作原理知识等;而"金属切削机床"课程与本课程之间的内容联系更加紧密,它反映了金属切削的各种运动;"机械加工工艺"课程,最主要的内容是要求掌握各种典型加工表面的加工方法及加工流程,所形成的工艺文件是直接指导生产的技术文件,其中的主要内容包含切削用量及刀具选择,而这些内容就靠"金属切削加工与刀具"课程来解决。所以说该课程是机械制造类专业重要的专业主干课程,只有学好该门课程才能保障该类专业其他课程的学习,以保证专业培养目标的实现。

1.3　教学与学习方法

由于该门课程理论与实践要求都很高，所以必须强化理论与实践的有机结合，要充分利用行业、企业优势，大力推行"校企合作、工学结合"的教学模式，做到理论与实践并重，强化应用能力的培养。

教师教学方法：

(1)采取任务驱动的教学模式；

(2)完善实践教学资源，开发多种教学手段；

(3)引入企业典型案例，理论联系实际开展教学。

学生学习方法：

(1)了解该门课程的重要性；

(2)重视该门课程，端正学习态度；

(3)强化理论专研，拓展相关知识面；

(4)深入实验室，认真做好实验；

(5)深入校内生产实训基地，全面了解企业生产过程，切实了解各类常用刀具及其在生产中的正确应用。

教学单元 2　刀具基本定义

　　金属切削加工过程是工件和刀具相互作用的过程。刀具要从工件上切去一部分金属，并在保证高生产率和低成本的前提下使工件得到符合技术要求的形状、尺寸精度和表面质量。为了实现这一切削过程，必须具备以下三个条件：①工件与刀具之间要有相对运动，即切削运动；②刀具材料必须具有一定的切削性能；③刀具必须具有适当的几何参数，即切削角度等。本单元内容主要是阐明与切削运动及刀具几何角度有关的基本概念和定义，为后续各单元学习和研究切削过程的基本理论及其应用做准备。

2.1　知识引入

　　车削如图 2-1 所示的零件，试分析车削 $\phi63_{-0.05}^{0}$ mm 外圆、切螺纹退刀槽、加工螺纹表面车削运动的组成。如果以 189 m/min 精车该外圆，车床主轴的旋转速度应该是多少？若每转进给为 0.1 mm/r，则刀架的移动速度是多少？

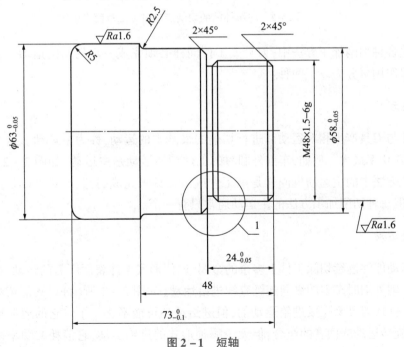

图 2-1　短轴

　　刀具是如何具备切削能力的？刀具的几何形状如何来描述？如果以 0.2 mm/r 的进给量车削外圆，试问刀具几何角度将发生怎样的变化？如果在实际加工前由于安装误差，刀尖低于工件中心线 1.5 mm，试问该刀具的几何角度又将会发生怎样的变化？

2.2 切削运动、切削用量与切削层参数

一、切削运动

车削外圆是金属切削加工中常见的加工方法,现以它为例来分析工件与刀具间的切削运动。图2-2表示车削外圆时的情况,工件旋转,车刀连续纵向直线进给,于是形成工件的外圆柱表面。

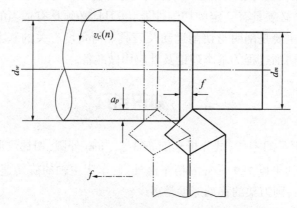

图2-2 车削外圆的切削运动与加工表面

在其他各种切削加工方法中,刀具或工件同样必须完成一定的切削运动。通常切削运动按其所起作用可分为以下两种:

1. 主运动

使工件与刀具产生相对运动以进行切削的最基本的运动,称为主运动。这个运动的速度最高,消耗功率最大。例如,车削外圆时的工件旋转运动是主运动(如图2-2所示)。其他切削加工方法中的主运动也同样是由工件或由刀具来完成的,其形式可以是旋转运动或直线运动,但每种切削加工方法的主运动通常只有一个。

2. 进给运动

使主运动能够继续切除工件上多余的金属,以便形成工件表面所需的运动,称为进给运动。例如车削外圆时车刀的纵向连续直线进给运动(如图2-2所示)。其他切削加工方法中也是由工件或刀具来完成进给运动的,但进给运动可能不止一个。它的运动形式可以是直线运动、旋转运动或两者的组合,但无论哪种形式的进给运动,它消耗的功率都比主运动要小。

总之,任何切削加工方法都必须有一个主运动,可以有一个或几个进给运动。主运动和进给运动可以由工件或刀具分别完成,也可以由刀具单独完成(例如在钻床上钻孔或铰孔)。

在切削运动作用下,工件上的切削层不断地被刀具切削并转变为切屑,从而加工出所需要的工件新表面。在这一表面形成的过程中,工件上有三个不断变化着的表面,如图2-2

所示：

待加工表面：即将被切去金属层的表面；

过渡表面(加工表面)：切削刃正在切削的表面；

已加工表面：已经切去多余金属而形成的新表面。

这些定义也适用于其他切削加工。不同形状的切削刃与不同的切削运动组合，即可形成各种工件表面，如图 2 – 3 所示。

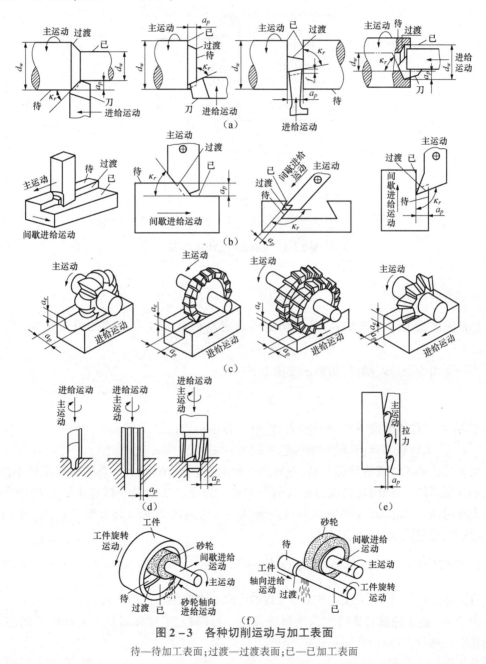

图 2 – 3　各种切削运动与加工表面

待—待加工表面；过渡—过渡表面；已—已加工表面

二、切削用量

切削用量是切削速度、进给量和背吃刀量（切削深度）的总称，也称为切削用量三要素，如图2-4所示。切削用量是表示主运动及进给运动大小的参数，主要用于调整机床、编制工艺路线等。切削用量直接影响加工质量、刀具寿命、机床功率损耗及生产率等。

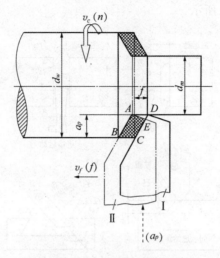

图2-4 车外圆时的切削用量

1. 切削速度

切削速度是主运动速度 v_c，是指切削刃选定点相对工件主运动的瞬时速度，单位为 m/min。

当主运动为旋转运动时，切削速度由下式确定：

$$v_c = \frac{\pi d n}{1\,000}$$

式中 d——工件直径或刀具（砂轮）直径，单位为 mm；

n——工件或刀具（砂轮）的转速，单位为 r/min。

对于旋转体工件或旋转类刀具，在转速一定时，由于切削刃上各点的回转半径不同，因而切削速度不同。在计算时，应以最大的切削速度为准。如车削外圆时计算刀刃上所对应的最大点的速度，钻削时计算钻头外径处的速度。这是因为从刀具方面考虑，速度大的地方，发热多、磨损快，应当予以注意。

2. 进给速度 v_f 和进给量 f 以及每齿进给 f_z

进给速度 v_f 是刀刃上选定点相对于工件的进给运动的速度，其单位为 mm/min。

进给量 f 是工件或刀具的主运动每转或每一行程时，工件和刀具两者在进给运动方向上的相对位移量，其单位是 mm/r。

每齿进给 f_z 是多刃切削刀具（如铣、铰、拉）转一周，有 z 个齿进行切削，在多刃切削刀具每转一齿角时，工件和刀具的相对位移量，单位是 mm/z。

进给速度 v_f 与进给量 f 的关系：

$$v_f = fn$$

进给速度 v_f 与每齿进给 f_z 的关系：

$$v_f = f_z \times n \times z$$

3. 背吃刀量 a_p（又称切削深度）

它是一个与主刀刃和工件切削表面接触长度有关的量，在包含主运动 v_c 和进给运动 v_f 方向的平面的垂直方向上测量。对车削外圆而言，包含主运动方向和进给运动方向的平面，是与工件主运动旋转轴线平行的，过刀刃上任意点的该平面的垂直方向与工件轴线垂直相交，因而车削外圆的切削深度等于工件已加工表面与待加工表面的垂直距离，即

$$a_p = \frac{d_w - d_m}{2}$$

式中　d_m——已加工表面直径，单位为 mm；

　　　d_w——待加工表面直径，单位为 mm。

三、切削层参数

切削层是指切削时刀具切过工件的一个单程所切除的工件材料层。如图2-5中，工件旋转一周的时间，刀具正好从位置Ⅰ移到Ⅱ，切下Ⅰ与Ⅱ之间的工件材料层，四边形 ABCD 称为切削层公称横截面积。切削层实际横截面积是四边形 ABCE，AED 为残留在已加工表面上的横截面积，它直接影响已加工表面的表面粗糙度。

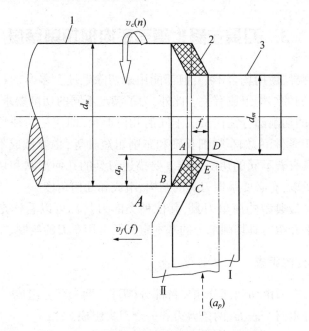

图 2 - 5　切削层参数

切削层形状、尺寸直接影响着切削过程的变形、刀具承受的负荷以及刀具的磨损。为简化计

算,切削层形状、尺寸规定在刀具基面中度量,即切削层公称横截面中度量。

切削层尺寸是指在刀具基面中度量的切削层厚度与宽度,它与切削用量 a_p、f 的大小有关。切削层横截面及其厚度、宽度的定义与符号如下:

1. 切削厚度 h_D

切削厚度是指切削层两相邻过渡表面之间的垂直距离,单位为 mm。

$$h_D = f \sin \kappa_r$$

式中 κ_r——车刀主偏角

2. 切削宽度 b_D

切削宽度是在平行于过渡表面度量的切削层尺寸,单位为 mm。

$$b_D = \frac{a_p}{\sin \kappa_r}$$

3. 切削层横截面积 A_D

切削层横截面积是在切削层尺寸平面里度量的横截面积,单位为 mm^2。

$$A_D = h_D b_D = a_p f$$

分析以上三式可知:切削厚度与切削宽度随主偏角大小变化。而当 $\kappa_r = 90°$ 时,$h_D = f$,$b_D = a_p$,即只与切削用量 a_p、f 有关,不受主偏角的影响。但切削层横截面的形状与主偏角、刀尖圆弧半径大小有关。随主偏角的减小,切削厚度将减小,而切削宽度将增大。

2.3　刀具在静止参考系内的切削角度

各种刀具形状迥异,使用场合不一,但都能用来切除毛坯上多余的材料,完成零件的切削加工,这显然与它们的结构组成有关。此外,为了满足不同的切削要求,如车削外圆、切断和车削螺纹等,刀具的切削部分往往做成不同的几何形状,即使是同种类型的刀具(如外圆车刀),在不同的加工条件下,如车削细长轴和车削粗短轴等,也要做成不同的几何形状,而不同几何形状的刀具有着不同的切削性能。要描述刀具的几何形状和切削性能,就离不开刀具的几何参数。所以,有必要掌握刀具的结构、组成和几何角度。

普通外圆车刀是最典型的简单刀具,其他种类的刀具都可以看作是它的变形或组合。下面以车刀为代表来介绍刀具切削部分的基本定义及常用车刀的绘制。

一、刀具切削部分的组成

如图 2-6 所示,车刀由切削部分和夹持部分(刀杆)两大部分组成。

车刀的切削部分由三个表面、两条刀刃和一个刀尖组成。

(1)前刀面:直接与切屑接触的表面,用 A_γ 表示。

(2)主后刀面:与工件上过渡表面相对的表面,用 A_α 表示。

(3)副后刀面:与工件上已加工表面相对的表面,用 A'_α 表示。

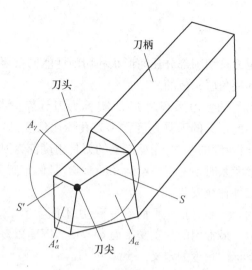

图2-6 车刀切削部分的构成

（4）主切削刃：前刀面与后刀面的交线，承担主要切削工作，用 S 表示。

（5）副切削刃：前刀面与副后刀面的交线，其靠刀尖起微量切削作用，具有修光性质，用 S' 表示。

（6）刀尖：主切削刃和副切削刃的交点。通常以圆弧或短直线形出现，以提高刀具的使用寿命。

由于切削刃不可能刃磨得很锋利，总有一些刃口圆弧，刀楔的放大部分如图2-7（a）所示。刃口的锋利程度用切削刃钝圆半径 r_n 表示，一般工具钢刀具 r_n 为 0.01 ~ 0.02 mm，硬质合金刀具 r_n 为 0.02 ~ 0.04 mm。

为了提高刃口强度以满足不同加工要求，在前、后刀面上均可磨出倒棱面 A_{γ_1}、A_{α_1}，如图2-7（a）所示。b_{γ_1} 是前刀面 A_{γ_1} 的倒棱宽度，b_{α_1} 是后刀面 A_{α_1} 的倒棱宽度。

为了改善刀尖的切削性能，常将刀尖做成修圆刀尖或倒角刀尖，如图2-7（b）所示。其参数有：刀尖圆弧半径（它是在基面上测量的刀尖倒圆的公称半径）、倒角刀尖长度 b_ε、刀尖倒角偏角 κ_{r_1}。

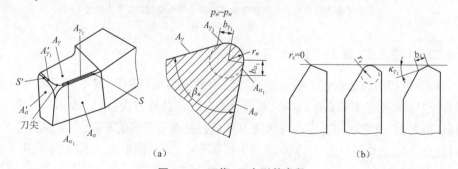

（a）　　　　　　　　　（b）

图2-7 刀楔、刀尖形状参数

不同类型的刀具，其刀面、切削刃数量不同，但组成刀具的最基本单元均是两个刀面汇交形成的一个切削刃，简称两面一刃。任何复杂的刀具都可作为一个基本单元进行分析。

二、刀具角度的参考系

刀具几何角度是确定刀具切削部分几何形状和切削性能的重要参数,是由刀面、切削刃及假定参考坐标平面间的夹角所构成的。

用来确定刀具几何角度的参考系有两类:一类称为刀具静止参考系,是刀具设计时标注、刃磨和测量的基准,用此定义的刀具角度称为刀具标注角度;另一类称为刀具工作参考系,是确定刀具切削工作时角度的基准,用此定义的刀具角度称为刀具工作角度。

建立刀具标注角度参考系时不考虑进给运动的影响,且假定车刀刀尖与工件中心等高,车刀刀杆中心线垂直于工件轴线安装。

确定刀具标注角度的参考系有正交平面参考系、法平面参考系、假定工作平面与背平面参考系等,如图 2 – 8 所示。最常用的是正交平面参考系。下面以普通外圆车刀为例说明刀具标准角度参考系及刀具标注角度的定义。

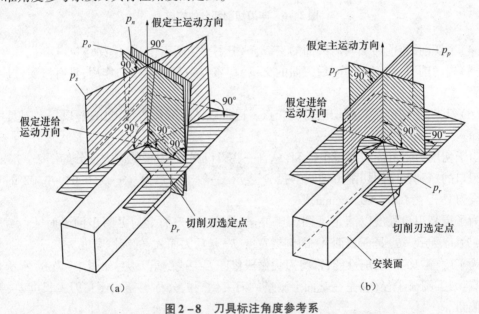

图 2 – 8　刀具标注角度参考系
(a)正交平面参考系与法平面参考系;(b)假定工作平面与背平面参考系

1. 正交平面参考系(图 2 – 8(a))

(1)基面:过切削刃选定点平行或垂直刀具上的安装面(轴线)的平面。车刀的基面可理解为平行刀具底面的平面(图 2 – 9),基面垂直于切削速度方向,用 p_r 表示。

(2)切削平面:过切削刃选定点与切削刃相切并垂直于基面的平面,用 p_s 表示。

(3)正交平面:过切削刃选定点同时垂直于切削平面与基面的平面,又称主剖面,用 p_o 表示。

2. 法平面参考系(图 2 – 8(a))

法平面参考系由基面 p_r、切削平面 p_s 和法平面 p_n 组成(非正交参考系)。法平面 p_n 是指过切削刃上某选定点与切削刃垂直的平面。

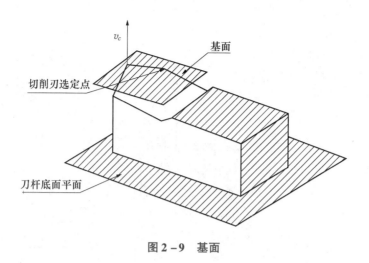

图2-9　基面

3. 假定工作平面参考系(图2-8(b))

假定工作平面参考系由基面 p_r、假定工作平面 p_f 和背平面 p_p 组成。其中,假定工作平面 p_f 是指过切削刃上某选定点,平行于假定进给运动方向并垂直于基面 p_r 的平面。背平面 p_p 是指过切削刃上某选定点,垂直于假定工作平面 p_f 和基面 p_r 的平面。

需要指出的是,以上刀具各标注角度参考系均适用于选定点在主切削刃上的情况,如果切削刃选定点选在副切削刃上,则所定义的是副切削刃标注角度参考系的参考平面,应在相应的符号右上角标"′"以示区别,并在各参考平面名称之前冠以"副",如副切削平面 p'_s、副正交平面 p'_o 等。

三、正交平面参考系刀具的标注角度

1. 角度定义

刀具几何角度是确定刀面方位的角度,它表明刀面、切削刃与假定参考平面间的夹角。正交平面参考系刀具角度定义见表2-1,图示见图2-10。

表2-1　刀具角度定义

名　称	定　义
前角(γ_o)	在主剖面中测量的前刀面与基面间的夹角(图2-11)
后角(α_o)	在主剖面内测量的后刀面与切削平面间的夹角(图2-12)
主偏角(κ_r)	在基面中测量的主切削刃在基面的投影与进给方向的夹角(图2-13)
副偏角(κ'_r)	在基面中测量的副切削刃在基面的投影与进给运动的反方向之间的夹角(图2-14)
刃倾角(λ_s)	在切削平面内测量的主切削刃与基面间的夹角(图2-15)
副后角(α'_o)	在副剖面中测量的副后刀面与副切削平面之间的夹角

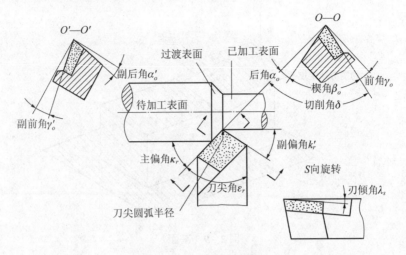

图 2-10　车刀几何角度

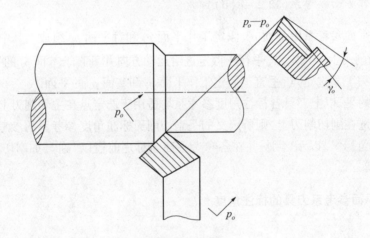

图 2-11　前角

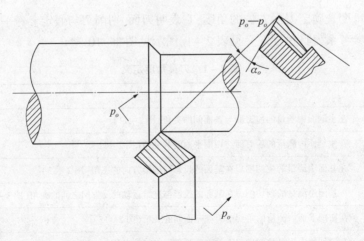

图 2-12　后角

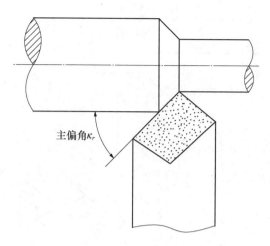

图 2-13　主偏角

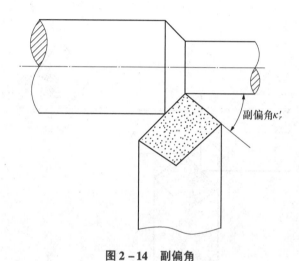

图 2-14　副偏角

此外,为了比较切削刃、刀尖的强度,刀具上还定义了两个角度,它们属于派生角度。

(1)楔角 β_o(图 2-16):在主剖面中测量的前刀面和后刀面间之间的夹角。

$$\beta_o = 90° - (\gamma_o + \alpha_o)$$

(2)刀尖角 ε_r(图 2-17):基面投影中,主切削刃和副切削刃间的夹角。

$$\varepsilon_r = 180° - (\kappa_r + \kappa_r')$$

有了上述定义的角度就可以确定出前刀面、后刀面、副后刀面及主、副切削刃的位置。其中前角和刃倾角确定了前刀面的方位,主偏角和后角确定了后刀面的方位,副偏角和副后角确定了副后刀面的方位,而主偏角和刃倾角确定了主切削刃的方位,副偏角和前角确定了副切削刃的方位。

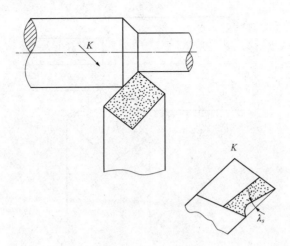

图 2-15　刃倾角

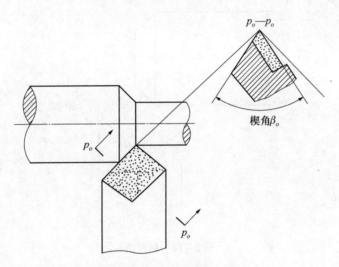

图 2-16　楔角

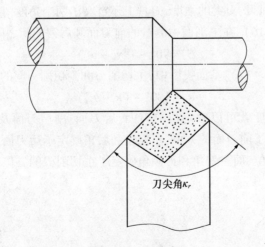

图 2-17　刀尖角

2. 刀具角度正负的规定

刀具角度正负的规定,如图 2-18 所示。

前角正、负值规定如下:在主剖面中,前刀面与切削平面的夹角小于 90°时为正,大于 90°时为负;前刀面与基面平行时为 0°。

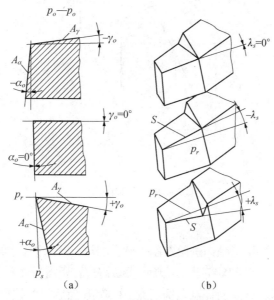

图 2-18　刀具角度正负的规定

后角正、负值规定如下:在主剖面中,当后刀面与基面的夹角小于 90°时为正,大于 90°时为负;当后刀面与切削平面平行时,后角为 0°。实际使用中,后角不能小于 0°。

刃倾角正、负值规定如下:当切削刃与基面(车刀底平面)平行时,刃倾角为 0°;当刀尖相对车刀底平面处于最高点时,刃倾角为正;当刀尖相对车刀底平面处于最低点时,刃倾角为负。

3. 车刀几何形状的图示方法

绘制刀具的方法有两种。第一,投影作图法,它严格按投影关系来绘制几何形状,是认识和分析刀具切削部分几何形状的重要方法,但该方法绘制烦琐,一般比较少用;第二,简单画法,该方法绘制时,视图间大致符合投影关系,但角度与尺寸必须按比例绘制,如图 2-9 所示,这是一种常用的方法。

(1)主视图:通常采用刀具在基面(p_r)中的投影作为主视图,同时勿忘标注进给运动方向,以确定或判断主切削刃和副切削刃(见图 2-19)。

(2)向视图:通常取刀具在切削平面(p_s)中的投影作为向视图,此处要注意放置位置。

(3)剖面图:包括主剖面(p_o)和副剖面(p'_o)。

4. 常见车刀几何角度的绘制

1)90°外圆车刀的绘制

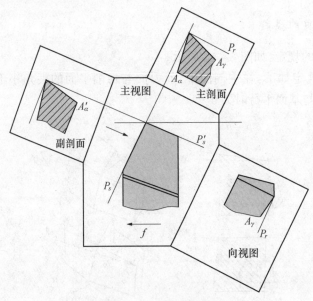

图 2-19　刀具示意图

（1）结构分析。

该车刀主偏角为90°,用于纵向进给车削外圆,尤其适于刚性较差的细长轴类零件的车削加工。该车刀共有3个刀面,即前刀面、后刀面、副后刀面;所需标注独立角度为6个,即前刀面控制角为前角、刃倾角,后刀面控制角为后角、主偏角,副后刀面控制角为副后角、副偏角。

（2）绘制方法。

绘制方法与普通外圆车刀类似。

①画出刀具在基面中的投影,取主偏角为90°,并标注进给运动方向,以明确表明后刀面与副后刀面、主切削刃与副切削刃的位置。

②画出切削平面（向视图）中的投影,注意放置位置。

③画出主剖面和副剖面。

④标注相应角度数值（此处用符号表示）,如图 2-20 所示。

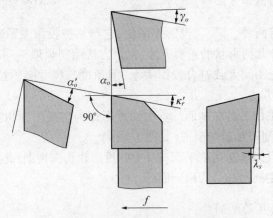

图 2-20　90°外圆车刀的绘制

2）切断刀的绘制

（1）结构分析。切断刀采用横向进给方式对工件进行切削加工，主要用于工件的切槽或切断。切断刀共有4个刀面：一个前刀面、一个主后刀面、两个副后刀面，切断刀有左右两个刀尖，一条主切削刃、两条副切削刃。切断刀可以看作是两把端面车刀的组合，进刀时同时切削左、右两个端面，由于它有4个刀面，故所需标注的独立角度有8个：控制前刀面的前角、刃倾角，控制主后刀面的主偏角、后角，控制左、右副后刀面的2个副偏角和2个副后角。

（2）绘制方法。绘制方法与外圆车刀类似，如图2－21所示。需要指出的是，切断刀有两个副后刀面，需要画出两个副剖面。

一般切断刀的主切削刃较窄、刀头较长，所以强度较差。生产中普遍使用的是高速钢切断刀，其主要参数选择如下：

前角：切断中碳钢时，取20°～30°；切断铸铁时，取0°～10°。

后角：切断脆性材料时，取小些；切断塑性材料时，取大些。一般取4°～8°。

副后角：切断刀有两个对称的、起减少摩擦作用的副后角，一般取1°～2°。

主偏角：由于切断刀采用横向走刀，因此一般采用90°的主偏角，但在进行切断加工时会在工件端面上留下一个小凸台，解决的方法是把主切削刃磨得略微斜些。

副偏角：为了不过度削弱刀头强度，一般取1°～1.5°。

主切削刃宽度和刀头长度可按下列公式计算：

$$\begin{cases} a = (0.5 - 0.6)\sqrt{D} \\ L = h + (2 - 3) \end{cases}$$

式中　a——主切削刃宽度，单位为mm；

　　　D——工件待加工表面直径，单位为mm；

　　　L——刀头长度，单位为mm；

　　　h——工件被切入的深度，单位为mm。切实心件时，等于工件半径；切空心件时，等于壁厚。

高速切削时，则采用硬质合金切断刀，其要求与高速钢切断刀相同。为了增强切断刀的强度，可在主切削刃两侧磨出过渡刃，并在主切削刃上磨出负倒棱，还可以把刀头下部做成凸肚形。

切断大直径工件时，为减少振动，可采用反切刀进行切削，使工件反转。

3）内孔车刀的绘制

由于内孔车刀的结构组成类似于外圆车刀，所以不再赘述，下面将通过一个实例加以说明。

例　试根据以下参数绘制内孔车刀刀头，参数如下：前角15°、后角8°、主偏角75°、副偏角10°、副后角8°、刃倾角－5°。

解：根据要求绘制刀具，如图2－22所示。

内孔有通孔、台阶孔、盲孔等几种不同形式。车削通孔可用通孔车刀，车削台阶孔或不通孔则需用不通孔车刀，它们的主要区别在于主偏角的大小。通孔车刀的主偏角小于90°；台阶孔或不通孔车刀的主偏角则大于90°，且刃倾角应为负值，以确保加工时切屑向刀柄方向排出，保证切削加工的顺利进行。

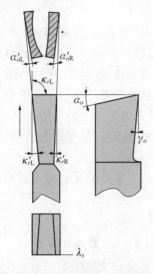

图 2－21　切断刀的绘制

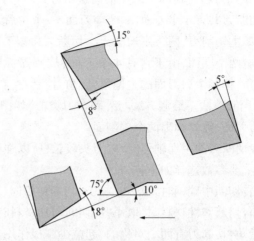

图 2－22　内孔车刀的绘制

2.4　刀具的工作角度

一、工作参考系和工作角度

刀具在工作时的实际角度称为刀具的工作角度，它是用工作参考系定义的刀具角度，而工作参考系是建立在刀具与工件相对位置、相对运动基础上的参考系。

在工作参考系中，假定参考平面的定义类似于标注参考系，只不过工作基面、工作切削平面等的方位发生了变化，进而造成工作角度与标注角度的不同。刀具工作角度的定义与标注角度类似，它是刀面、刀刃与工作参考系平面的夹角。刀具工作角度的符号是在标注角度的基础上加一个下标字母 e。

二、工作角度的影响因素

1. 刀具安装误差的影响及计算

在实际加工中，由于安装误差的存在，即假定安装条件不满足，必将引起刀具角度的变化。其中，刀尖在高度方向的安装误差将主要引起前角、后角的变化；刀杆中心在水平面内的偏斜将主要引起主偏角、副偏角的变化。

1）刀尖与工件中心线不等高时

当刀尖与工件中心线等高时，切削平面与车刀底面垂直，基面与车刀底面平行。否则，将引起基面方位的变化，即工作基面（P_{re}）不平行于车刀底面。

如图 2－23 所示，在车削外表面时若刀尖高于工件中心，则工作前角增大、工作后角减小；若刀尖低于工件中心，则工作前角减小、工作后角增大。

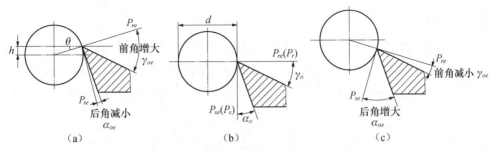

图 2 - 23 刀尖与工件不等高时的前后角
(a)装高;(b)正确;(c)装低

假设工件直径为 d,安装时高度误差为 h,安装误差引起的前、后角变化值为 θ,则

$$\sin \theta \approx \frac{2h}{d}$$

已知:

因为

$$\sin \theta = \frac{2 \times 1.5}{30} = 0.1$$

所以

$$\theta = 5°44'$$

即外圆车刀刀尖装低 1.5 mm 时,前角减小 5°44′、后角增大 5°44′,工作前角和工作后角分别为

$$\gamma_{oe} = 10° - 5°44' = 4°16'$$

$$\alpha_{oe} = 6° + 5°44' = 11°44'$$

车削内表面时,情况与车削外表面相反。

不难看出,工件直径越小,高度安装误差对工作角度的影响越明显,由 $\sin \theta \approx 2h/d$ 可以看出,当刀尖高于工件中心的距离(h)较大或者工件直径(d)较小时(如切断工件时,切断刀接近中心时的直径),角度变化值 θ 较大,甚至趋于90°。而车刀的后角一般磨成6°~12°,在刀尖高于工件中心并出现上述情况时,实际工作后角可能会变成负值。负后角车刀是不能切削的,这也是切断工件时切断刀装高而崩刃的主要原因。当然,如果刀尖低于工件中心,则将会产生振动,或者产生"扎刀"现象。

在实际生产中,也有应用这一影响(车刀装高或装低)来改变车刀实际角度的情况,例如,车削细长轴类工件时,车刀刀尖应略高于工件中心0.1~0.3 mm,这时刀具的工作后角稍有减小,并且当后刀面上有轻微磨损时,有一小段后角等于零的磨损面与工件接触,这样能防止振动。

2)车刀中心线与进给方向不垂直时

刀具装偏,即刀具中心不垂直于工件中心,将造成主偏角和副偏角的变化。车刀中心向右偏斜,工作主偏角增大,工作副偏角减小,如图 2 - 24 所示;车刀中心向左偏斜,工作主偏角减小,工作副偏角增大。

车刀刀杆的装偏改变了主偏角和副偏角的大小。对一般车削来说,少许装偏影响不是很大,但对切断加工来说,因切断刀安装不正,切断过程中就会产生轴向分力,使刀头偏向一侧,轻者会使切断面出现凹形或凸形,重者会使切断刀折断,故必须引起充分的重视。

2. 进给运动的影响及计算

由于进给运动时车刀刀刃所形成的加工表面为阿基米德螺旋面，而切削刃上的选定点相对于工件的运动轨迹为阿基米德螺旋线，故使切削平面和基面发生了倾斜，造成工作前角增大、工作后角减小，如图 2 - 25 所示，其角度变化值称为合成切削速度角，用符号 η 表示。

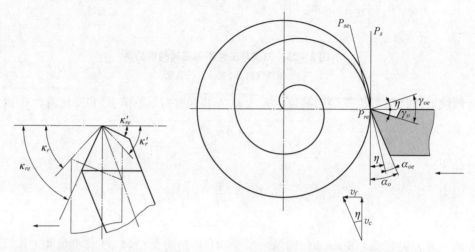

图 2 - 24 刀具装偏对主、副偏角的影响　　图 2 - 25   进给运动对工作角度的影响

若工件直径为 d，进给量为 f，则

$$\tan \eta = \frac{f}{\pi d}$$

在本引入中：

因为　　　　　　　　　　　　　　$f = 0.02 \ \text{mm/r}, d = 63 \ \text{mm}$

所以　　　　　　　　　　　　　$\tan \eta = \frac{f}{\pi d} = \frac{0.02}{\pi 63}$

$$\eta = 0.057\ 9°$$

$$\begin{cases} \gamma_{oe} = 10° + 0.057\ 9° = 10.057\ 9° \\ \alpha_{oe} = 6° - 0.057\ 9° = 5.942\ 1° \end{cases}$$

一般车削时进给量较小，进给运动引起的 η 值很小，不超过 30′ ~ 1°，故可忽略不计。但在进给量较大，如车削大螺距螺纹，尤其是多线螺纹时，η 值很大，可大到 15° 左右。故在设计刀具时，必须考虑 η 对工作角度的影响，从而给以适当的弥补。

无论是横车（如切断、切槽、车端面等），还是纵车（如车削外圆），车刀都会发生上述变化。

需要说明的是，横车时：

$$\begin{cases} \gamma_{oe} = \gamma_o + \eta \\ \alpha_{oe} = \alpha_o - \eta \end{cases}$$

并且由于进给时 d 不断变小（η 为一变量），所以工作后角急剧下降，在未到工件中心处时，工作后角已变为负值，此时刀具不是在切削工件，而是在推挤工件。

纵车时, η 为一定值, 换算到主剖面中的关系为

$$\tan \eta_o = \tan\eta + \sin\kappa_r$$

$$\begin{cases} \gamma_{oe} = \gamma_o + \eta_o \\ \alpha_{oe} = \alpha_o - \eta_o \end{cases}$$

所以, 从准确意义上来说, 上述针对本引入中实例的计算, 应该换算到主剖面中进行。练习中之所以这么做, 是因为两者计算的结果非常接近。

注意事项: 对螺纹车刀而言, 进给运动对左右刀刃工作前后角的影响是不同的。对左刀刃, 工作前角增大、工作后角减小; 对右刀刃, 工作前角减小、工作后角增大。

复习思考题

1. 切削加工由哪些运动组成? 它们是如何定义的? 各起什么作用?

2. 车削外圆时, 工件上有哪些表面? 如何定义这些表面?

3. 切削用量三要素是指什么? 它们是如何定义的?

4. 切削层参数是指什么? 它们是如何定义的?

5. 车刀切削部分是怎样组成的? 各部分是如何定义的?

6. 刀具标注角度与工作角度有何区别?

7. 如何判定车刀前角和刃倾角的正负?

8. 如图 2-26 所示, 用弯头刀车端面时, 试标注出待加工表面、已加工表面、过渡表面及车刀的主切削刃、副切削刃和刀尖。

9. 如图 2-26 所示的车端面, 试标注出背吃刀量 a_p、进给量 f、切削厚度 h_D、切削宽度 b_D。若 $a_p = 5$ mm, $f = 0.3$ mm/r, $\kappa_r = 45°$, 试求 h_D、b_D 和切削层横截面积 A_D 的大小。

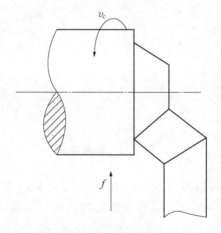

图 2-26　车端面

10. 车外圆的 45° 弯头车刀标注角度如下: $\kappa_r = 45°$, $\kappa_r' = 45°$, $\gamma_o = 15°$, $\alpha_o = \alpha_o' = 6°$, $\lambda_s = -3°$, 试画出上述车刀的几何角度图。

11. 刀具安装高低和偏斜如何影响工作角度?

教学单元 3 金属切削的基本理论

金属切削的基本理论是关于金属切削过程中基本物理现象变化规律的理论。金属切削过程就是刀具从工件表面上切除多余的金属,形成切屑和已加工表面的过程。伴随这一过程将产生一系列物理现象,包括切削变形、切削力、切削温度和刀具磨损等,而这些现象均以切削过程中金属的弹性、塑性变形为基础,将直接或间接地影响工件的加工质量和生产率等。而生产实践中出现的积屑瘤、鳞刺、振动等问题,又都同切削过程中的变形规律有关。因此,了解并掌握这些变化规律,对分析解决切削加工中出现的问题有着十分重要的意义。

3.1 知识引入

金属切削过程中到底会发生什么样的变形?变形的规律如何?若某中碳钢零件在某数控机床上加工时,出现了不易折断的带状切屑,严重影响了加工的进行,则该如何解决此问题?

在切削加工塑性金属材料工件时,有时会出现以下现象:某工人在以 15 m/min 的速度进给,加工直径为 60 mm 的某中碳钢工件后,发现在刀具前刀面上主切削刃附近"长出"了一个硬度很高的楔块,如图 3-1 所示,并且工件已加工表面也变得比较粗糙。这是怎么回事呢?

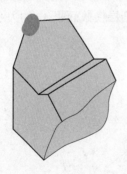

积屑瘤

刀具

图 3-1 积屑瘤

车削 $\phi 63_{-0.05}^{0}$ mm 短轴外圆时,在 CKS6116 车床(7.5 kW)上加工,进给量为 0.3 mm/r,背吃刀量为 1.5 mm,转速为 800 r/min,设机床的传动效率为 80%,要求计算主切削力并验算电动机功率。另在车削该外圆时,如果切屑颜色变为深蓝色,则车刀刀尖部位的温度大约是多少?

在切削工件时,新刀用起来比较轻快,但用了一段时间后加工表面出现亮点,表面粗糙度明显恶化,分析其原因?如何防止这种现象的产生?

3.2　切削变形

切削变形实质上是工件切削层金属受刀具的作用后,产生弹性变形和塑性变形,使切削层金属与工件本体分离变为切屑的过程。

一、切屑的形成与变形原理

有些人认为金属的切削过程就像斧子劈木头一样,由于刀刃楔入的作用使切屑离开工件,这种看法是不对的。如果我们仔细观察一下,就会发现两者的过程及结果截然不同。在用斧子劈木头时,通常木头总是按照劈的方向顺着纹理裂成两片,在长度与厚度方向上基本不产生变形,劈开的两片木头仍能合成一块。而金属材料的切削过程却不一样,例如在刨床上切削钢类工件,只要将刨下来的切屑量一量,就会发现它的长度减短、厚度增厚;同时切屑呈卷曲状,一面光滑,另一面则毛松松地裂开,这说明金属在切削过程中实际上并不是真正被简单地切下来的,而是在刀刃的切割和前刀面的推挤作用下,经过一系列复杂的变形过程,使被切削层成为切屑而离开工件的。

1. 切削时的三个变形区

切削过程中的金属变形大致发生在三个区域,如图3-2所示。

第Ⅰ变形区:靠近切削刃处,切削层内产生塑性变形的区域,称为第Ⅰ变形区,如图3-2所示。它与刀具作用力约呈45°角。在该区域内,塑性材料在刀具作用下产生剪切滑移变形(塑性变形),使切削层转变为切屑。由于加工材料性质和加工条件的不同,滑移变形程度有很大的差异,这将产生不同种类的切屑。在第Ⅰ变形区,切削层的变形最大,它对切削力和切削热的影响也最大。

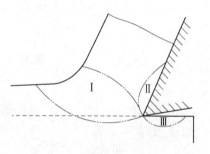

图3-2　切削的三个变形区

第Ⅱ变形区:前刀面接触的切屑底层内产生变形的一薄层金属区域,称为第Ⅱ变形区,如图3-2所示。切屑形成后,在前刀面的推挤和摩擦力的作用下,必将发生进一步的变形,这就是第Ⅱ变形区的变形。这种变形主要集中在和前刀面摩擦的切屑底层,它是切屑与前刀面的摩擦区。它对切削力、切削热和积屑瘤的形成与消失及刀具的磨损有着直接的影响。

第Ⅲ变形区:靠近切削刃处,已加工面表层内产生变形的一薄层金属区域,称为第Ⅲ变形区,如图3-2所示。在第Ⅲ变形区内,由于受到刀刃钝圆半径、刀具后刀面对加工表面以及副后刀面对已加工表面的推挤和摩擦作用,故这两个表面均产生了变形。第Ⅲ变形区主要影响刀具后刀面和副后刀面的磨损,造成已加工表面的纤维化、加工硬化和残余应力,从而影响工件已加工表面的质量。

2. 切屑的形成和种类

切削塑性金属材料(如钢等)时,被切层一般经过弹性变形、塑性变形(滑移)、挤裂和切离四个阶段形成切屑。切削脆性材料(如铸铁等)时,被切层一般经过弹性变形、挤裂和切离三个阶段形成切屑。图3-3和图3-4所示分别为在刨床上加工这两种不同材料时的切削过程。

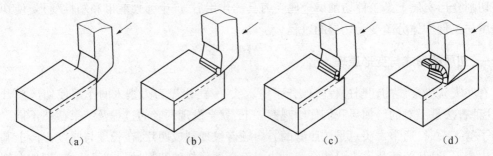

图3-3　切削塑性金属材料的四个阶段
(a)弹性变形;(b)塑性变形(滑移);(c)挤裂;(d)切离

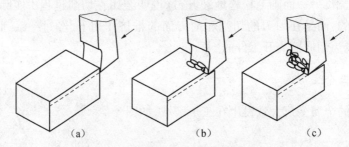

图3-4　切削脆性金属材料的三个阶段
(a)弹性变形;(b)挤裂;(c)切离

在切削过程中,由于工件材料的塑性和塑性变形(滑移)的程度不同,将会产生不同形状的切屑,见表3-1。

表3-1　切屑的形态

切屑形态	特　点
(a)带状切屑	这种切屑连绵不断,没有裂纹,底面光滑,另一面成毛茸状,无明显裂纹。一般加工塑性金属材料(如软钢、铜、铝等),在切削厚度较小、切削速度较高、刀具前角较大时,往往形成这种切屑
(b)节状切屑	节状切屑又称挤裂切屑。这种切屑的底面光滑,有时出现裂纹,而外表面呈明显的锯齿状。节状切屑大多在加工塑性较低的金属材料(如黄铜),且切削速度较低、切削厚度较大、刀具前角较小时产生;特别是当工艺系统刚性不足、加工碳素钢材料时,也容易产生这种切屑。产生节状切屑时,切削过程不太稳定,切削力波动较大,已加工表面质量较低

切屑形态	特 点
（c）单元切屑	单元切屑又称粒状切屑。当采用小前角或负前角，以较低的切削速度和大的切削厚度切削塑性金属时会产生这种切屑。产生单元切屑时，切削过程不平稳，切削力波动较大，已加工表面质量较差
（d）崩碎切屑	切削脆性金属（铸铁、铸造黄铜等）时，由于材料的塑性很小、抗拉强度很低，故在切削时切削层内靠近切削刃和前刀面的局部金属未经明显的塑性变形就被挤裂，形成不规则形状的碎粒或碎片切屑。工件材料越脆硬、刀具前角越小、切削厚度越大时，越容易产生崩碎切屑。产生崩碎切屑时，切削力波动大，加工质量较差，表面凸凹不平，刀具容易损坏

此外，切屑的形状还与刀具切削角度及切削用量有关，当切削条件改变时，切屑形状会随之做相应地改变，例如在车削钢类工件时，如果逐渐增加车刀的锋利程度（如加大前角等措施）、提高切削速度、减小走刀量，切屑将会由粒状逐渐变为节状，甚至变为带状。同样，采用大前角车刀车削铸铁工件时，如果切削深度较大、切削速度较高，也可以使切屑由通常的崩碎状转化为节状，但这种切屑用手一捏即碎。在上述几种切屑中，带状切屑的变形程度较小，而且切削时的振动较小，有利于保证加工精度与表面粗糙度，所以这种切屑是我们在加工时所希望得到的，但应着重注意它的断屑问题。

二、积屑瘤

在用中等或较低的切削速度切削一般钢料或其他塑性金属材料时，常在前刀面接近刀刃处黏结硬度很高（为工件材料硬度的 2~3.5 倍）的楔形金属块，这种楔形金属块称为积屑瘤，如图 3－1 所示。

1. 积屑瘤的形成

（1）形成条件。简单地概括为 3 句话：中等切削速度，切削塑性材料，形成带状切屑。

（2）形成原因。在切削过程中，由于切屑底面与前刀面间产生的挤压和剧烈摩擦，切屑底层的金属流动速度低于上层流动速度，形成滞流层，当滞流层金属与前刀面间的摩擦力超过切屑本身分子间的结合力时，滞流层中的一部分金属在温度和压力适当时就黏结在刀刃附近而形成积屑瘤。积屑瘤形成后不断增大，达到一定高度后受外力作用和振动而破裂脱落，被切屑或已加工表面带走，故极不稳定。积屑瘤的形成、增大、脱落的过程在切削过程中周期性的不断出现。

2. 对切削加工的影响

1）增大前角
积屑瘤黏附在前刀面上，增大了刀具的实际前角。当积屑瘤最高时，刀具有 30°左右的

前角,因而可减小切削变形,降低切削力。

2)增大切削厚度

积屑瘤前端伸出于切削刃外,伸出量为 Δ,使切削厚度增大了 Δ,因而影响了加工精度。

3)增大已加工表面粗糙度

积屑瘤黏附在切削刃上,使实际切削刃呈一不规则的曲线,导致在已加工表面上沿着主运动方向刻划出一些深浅和宽窄不同的纵向沟纹;积屑瘤的形成、增大和脱落是一个具有一定周期的动态过程(每秒钟几十至几百次),使切削厚度不断变化,由此可能引起振动;积屑瘤脱落后,一部分黏附于切屑底部而排出,一部分留在已加工表面上形成鳞片状毛刺。

4)影响刀具耐用度

积屑瘤包围着切削刃,同时覆盖着一部分前刀面,具有代替刀刃切削、保护刀刃及减小前刀面磨损的作用,从而减少了刀具磨损。但在积屑瘤不稳定的情况下使用硬质合金刀具时,积屑瘤的破裂可能使硬质合金刀具颗粒剥落,使刀具磨损加剧。

3. 影响积屑瘤的主要因素及控制措施

1)工件材料的塑性

影响积屑瘤形成的主要因素是工件材料的塑性。若工件材料的塑性大,则很容易生成积屑瘤,所以对于塑性好的碳素钢工件,可先进行正火或调质处理,以提高硬度、降低塑性。

2)切削速度

切削速度是通过切削温度影响积屑瘤的,切削条件中对积屑瘤影响最大的就是切削速度 v_c。如图 3-5 所示,以切削 45 钢为例,在低速 $v_c < 3$ m/min 和较高速度 $v_c \geqslant 60$ m/min 范围内,摩擦系数都较小,故不易形成积屑瘤。在切削速度约为 20 m/min,切削温度约为 300℃时,产生的积屑瘤的高度达到最大值。

3)进给量

进给量增大,则切削厚度增大。切削厚度越大,刀具与切屑的接触长度越长,就越容易形成积屑瘤。若适当降低进给量,使切削厚度 h_D 变薄,以减小切屑与前刀面的接触与摩擦,则可减小积屑瘤的形成。

4)刀具前角

若增大前角,则切屑变形减小,不仅使前刀面的摩擦减小,同时可减小正压力,这就减小了积屑瘤的生成基础。实践证明,前角为 35°,一般不易产生积屑瘤。图 3-6 所示为切削合金钢积屑瘤时的切削速度、进给量和前角之间关系。

5)前刀面的粗糙度

前刀面越粗糙,摩擦越大,给积屑瘤的形成创造了条件。若前刀面光滑,积屑瘤也就不易形成。

6)切削液

合理使用切削液,可减少摩擦,也能避免或减少积屑瘤的产生。在精加工中,为降低已加工表面的表面粗糙度,应尽量避免积屑瘤的产生。

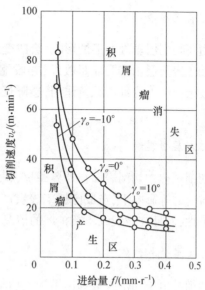

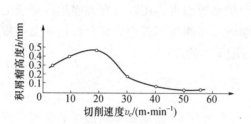

图 3-5　切削速度对积屑瘤的影响

加工条件:材料45钢

$a_p = 4.5$ m, $f = 0.67$ mm/r

图 3-6　切削速度、进给量和前角之间的关系

加工条件:材料合金钢、P10(YT15)

$\gamma_o = 0°$, $r_\varepsilon = 0.5$ mm, $a_p = 2$ mm

三、已加工表面层质量简介

在切削加工时,受到切削力和切削温度作用后,会引起已加工表面层的质量产生变化。

1.加工硬化

加工层产生了急剧的塑性变形后,使离加工表面0.1～0.5 mm 层内的显微硬度提高,破坏了内应力平衡,改变了表层组织性能,使得已加工表面层的金属晶粒产生扭曲、挤紧和破碎等(图 3-7),降低了材料的冲击韧度和疲劳强度,增加了材料的切削难度。

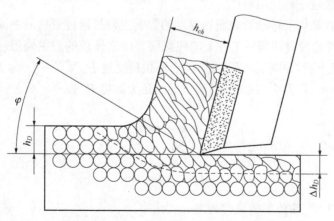

图 3-7　已加工表面层内金属晶粒变化

2. 表层残余应力

由于切削层塑性变形的影响，会改变表面层残余应力的分布，如切削后切削温度降低，使已加工表面层由膨胀而呈收缩，在收缩时它受底层材料的阻碍，使表面层中产生了拉应力。残余拉应力受冲击载荷作用，会降低材料的疲劳强度，出现微观裂纹，降低材料的抗腐蚀性。

3. 表层微裂纹

切削过程中切削表面在外界摩擦、积屑瘤和鳞刺等因素作用以及在表面层内受应力集中或拉应力等影响下，造成已加工表层产生微裂纹。微裂纹不仅会降低材料的疲劳强度和耐腐蚀性，而且在微裂纹不断扩展的情况下会造成零件的破坏。

4. 表层金相组织

切削时由于切削参数选用不当或切削液浇注不充分，会造成加工表面层的金相组织变化，影响被加工材料的原有性能。例如零件在淬火后又经回火呈均匀的马氏体组织，消除了内应力。但在磨削时，由于磨削温度过高、冷却不均匀，故出现二次回火而呈屈氏体组织，造成了组织不均匀，产生内应力，降低了材料的韧性而变脆。

四、表面粗糙度的形成

表面粗糙度是指已加工表面微观不平程度的平均值，是一种微观几何形状误差。经切削加工形成的已加工表面的表面粗糙度，一般可看成由理论粗糙度和实际粗糙度叠加而成。

1. 理论粗糙度

这是刀具几何形状和切削运动引起的表面不平度。生产中，如果条件比较理想，加工后表面实际粗糙度接近于理论粗糙度。

刀具几何形状和切削运动对表面粗糙度的影响主要是通过刀具的主偏角、副偏角、刀尖圆弧半径 r 以及进给量对切削后工件上的残留层高度来体现的。主偏角、副偏角、进给量越小，表面粗糙度越小；刀尖圆弧半径 r 越大，表面粗糙度越小。

如图 3 - 8 所示，用尖头刀加工时，残留层的最大高度 Rz 为

$$Rz = \frac{f}{\cot \kappa_r + \cot \kappa_r'} \quad \text{mm}$$

相应的轮廓算术平均偏差 Ra 为

$$Ra = \frac{1}{4}Rz \quad \text{mm}$$

用圆头刀加工时，残留层的最大高度 Rz 为

$$Rz \approx \frac{f^2}{8r_\varepsilon} \quad \text{mm}$$

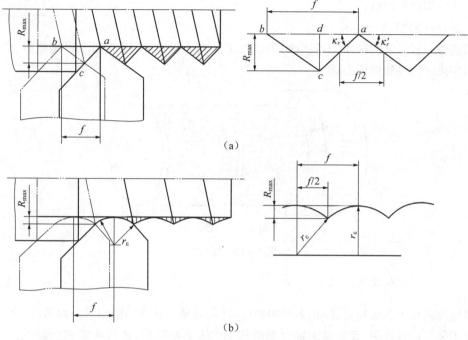

图 3 - 8　残留面积

2. 实际粗糙度

实际粗糙度是在理论粗糙度上叠加着非正常因素,例如积屑瘤、鳞刺、刀具磨痕和切削振纹等附着物和痕迹,因此,增大了残留面积的高度值。

1)积屑瘤和鳞刺的影响

黏附在刀刃上的积屑瘤顶端切入加工表面后使已加工表面粗糙不平。在已加工表面上垂直于切削速度方向会产生凸出的鳞片状毛刺,通常称作鳞刺,如图 3 - 9 所示。一般在对塑性材料进行车、刨、拉、攻螺纹、插齿和滚齿加工,并选用较低速度、较大进给量时,在产生严重摩擦和挤压情况下易生成鳞刺。鳞刺会使已加工表面的表面粗糙度严重恶化。

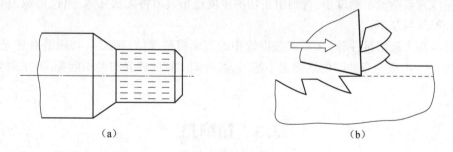

(a)　　　　　　　　　　　　(b)

图 3 - 9　鳞刺现象

2)刀具磨损的影响

当刀具后面或刀尖处产生微崩时,它会对加工表面产生摩擦,使已加工表面上形成不均匀的划痕;刃磨切削刃口留下的毛刺、微小裂口或细微崩刃,这些缺陷均会反映在已加工表面上形成较均匀的沟痕。

3）振动的影响（图3-10）

切削时工艺系统的振动，不仅会明显加大工件表面粗糙度、降低加工表面质量，严重时还会影响机床精度和损坏刀具。

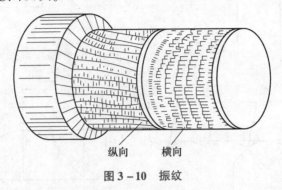

纵向　　横向

图3-10　振纹

3. 减小表面粗糙度的途径

要提高已加工表面质量，降低表面粗糙度，往往需从刀具和切削用量方面考虑。

在实际切削过程中，有很多因素会影响到工件表面粗糙度，如机床精度的高低、工件材料切削加工性能的好坏、刀具几何形状的合理与否、切削用量的选择合理与否，甚至包括刀具的刃磨质量、切削液的正确选用等。

1）刀具几何形状方面

由以上分析不难看出，要减小表面粗糙度，可采用较大的刀尖圆弧半径（圆头刀）、较小的主偏角或副偏角，甚至磨出修光刃。需要注意的是，主偏角的减小会引起背向力 F_p 的增大，甚至会引起加工中的振动。刀尖圆弧半径的增大或过长的修光刃同样也有这个问题。

2）切削用量方面

在同样的加工条件下，采用不同的切削用量所获得的工件表面粗糙度有很大的不同。切削用量三要素中，进给量对表面粗糙度影响最大，进给量越小，残留层高度越低，表面粗糙度越小。

但应注意进给量不能过小，否则由于切削厚度过小刀刃将无法切入工件，造成刀具与工件的强烈挤压与摩擦。

若要求加大进给量，同时又要求获得较小的表面粗糙度值，则刀具必须磨有修光刃，使副偏角为0°。但应注意此时的进给量不能过大，否则太宽的修光刃会引起振动，反而会降低表面粗糙程度。

3.3　切削力

金属切削加工的目的在于通过刀具的作用从毛坯上切下多余的金属材料，以得到满足加工要求的工件。在切削加工过程中，刀具必须克服被加工材料的切削变形阻力，这个阻力的反作用力就是切削力。切削力是设计机床、夹具和刀具的重要数据，也是分析切削过程工艺质量问题的重要参考数据。减小切削力，不仅可以降低功率消耗、降低切削温度，而且可以减小加工中的振动和零件的变形,还可以延长刀具的寿命,所以必须掌握切削力和切削功率的计算方法,熟悉切削力的影响因素及变化规律,并能采取措施减小切削力。

一、切削力的来源(图3-11)

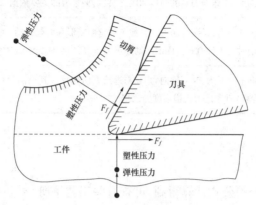

图3-11　切削力的来源

在切削过程中,由于刀具切削工件而产生的工件和刀具之间的相互作用力叫切削力。

切削力产生的直接原因是切削过程中的变形和摩擦。前刀面的弹性、塑性变形抗力和摩擦力,后刀面的变形抗力、摩擦力,它们的总合力 F 即为切削力。

二、切削力的分解

实际生产中切削力的大小和方向是随切削条件而变化的,如表3-2所示,为方便分析,可将切削力分解为三个互相垂直的分力:

切削力 F_c(主切削力 F_Z)——在主运动方向上的分力;

背向力 F_p(切深抗力 F_Y)——在垂直于假定工作平面上的分力;

进给力 F_f(进给抗力 F_X)——在进给运动方向上的分力。

三个分力与合力的关系如下:

$$F = \sqrt{F_c^2 + F_p^2 + F_f^2}$$

$$F_p = F_D\cos \kappa_r;F_f = F_D\sin \kappa_r$$

一般情况下,就车削加工而言,F_c 最大,F_p 次之,F_f 最小。

表3-2　切削力的分解

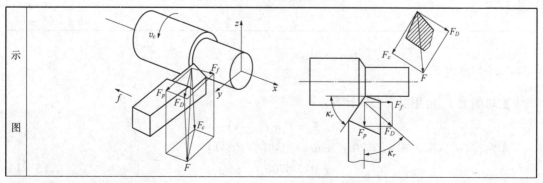

切削分力	符号	各分力的作用
主切削力	F_c	主运动方向上的切削分力,也叫切向力。它是最大的分力,消耗功率最多(占机床功率的90%),是计算机床动力、机床与刀具的强度和刚度、夹具夹紧力的主要依据
切深抗力	F_p	吃刀方向上的分力,又称径向力。它使工件弯曲变形和引起振动,对加工精度和表面粗糙度影响较大。因切削时沿工件直径方向的运动速度为零,所以径向力不做功
进给抗力	F_f	在走刀方向上的分力,又叫轴向力,它与进给方向相反。其只消耗机床很少的功率(1% ~3%),是计算(或验算)机床走刀机构强度的依据

三、切削力及功率的计算

切削力的计算可由经验公式计算得到,可查有关工艺手册。

目前国内外许多资料中都利用单位切削力 K_c 来计算切削力 F_c 和切削功率 P_m,这是较为实用和简便的方法。

单位切削力是切削单位切削层面积所产生的作用力,单位 N/mm^2。表3 – 3 所示为硬质合金外圆车刀切削几种常用材料的单位切削力。

表3 – 3　硬质合金外圆车刀切削几种常用材料的单位切削力

工件材料				单位切削力 /(N·mm^{-2}) 或 (kgf·mm^{-2})	实验条件		
名称	牌号	制造、热处理状态	硬度 HBS		刀具几何参数		切削用量范围
钢	45	热轧或正火	187	1 962(200)	$\gamma_o = 15°$ $\kappa_r = 15°$ $\lambda_s = 0°$	前刀面带卷屑槽	$b_{r1} = 0$	$v_c = 1.5 \sim 1.75$ m/s (90 ~ 105 m/min) $a_p = 1 \sim 5$ mm $f = 0.1 \sim 0.5$ mm/r
		调质(淬火及高温回火)	229	2 305(235)			$b_{r1} = 0.1 \sim 0.15$ mm $\gamma_{01} = -20°$	
		淬硬(淬火及低温回火)	44 (HRC)	2 649(270)				
	40Cr	热轧或正火	212	1 962(200)			$b_{r1} = 0$	
		调质(淬火及高温回火)	285	2 305(235)			$b_{r1} = 0.1 \sim 0.15$ mm $\gamma_{01} = -20°$	
灰铸铁	HT200	退火	170	1 118(114)		$b_{r1} = 0$ 平前刀面,无卷屑槽		$v_c = 1.17 \sim 1.42$ m/s (70 ~ 85 m/min) $a_p = 2 \sim 10$ mm $f = 0.1 \sim 0.5$ mm/r

1. 主切削力 F_c

主切削力 F_c 可用以下公式计算:

$$F_c = K_c a_p f \quad (N)$$

车钢件($\sigma_b = 620$ MPa;$f = 0.3$ mm/r)主切削力估算:

$$F_c \approx 2\,570 a_p f \quad (N) \tag{3-1}$$

车铸铁($H_B = 200$；$f = 0.3$ mm/r)主切削力估算：

$$F_c \approx 1\,600 a_p f \quad (\text{N})$$

式中　a_p——背吃刀量，单位为 mm；

　　　f——进给量，单位为 mm/r。

2. 切削功率 P_m

切削功率 P_m 可用以下公式估算：

$$P_m = \frac{F_c \times v_c}{60 \times 10^3 \times \eta} \quad (\text{kW}) \qquad\qquad (3-2)$$

式中　v_c——主运动，单位为 m/min；

　　　η——机床效率；

　　　F_c——主切削力，单位为 N。

引入中按式(3-1)、式(3-2)计算的 $P_m = 3.99$ kW < 机床功率 7.5 kW，所以满足安全使用要求。

四、影响切削力的主要因素

1. 工件材料的影响

工件材料的成分、组织、性能是影响切削力的主要因素。材料的硬度、强度越高，变形抗力越大，则切削力越大。在材料硬度、强度相近的情况下，材料的塑性、韧性越大，则切削力越大。如切削脆性材料时，切屑呈崩碎状态，塑性变形与摩擦都很小，故切削力一般低于塑性材料。不锈钢 1Cr18Ni9Ti 的硬度与正火 45 钢大致相等，但由于其塑性、韧性大，所以其单位切削力比 45 钢大 25%。

2. 刀具角度的影响

1）前角 γ_o 的影响

γ_o 越大，切屑变形就越小，切削力减小。切削塑性大的材料，加大前角可使塑性变形显著减小，故切削力减小。

2）主偏角 κ_r 的影响（图 3-12）

主偏角 κ_r 对主切削力 F_c 的影响不大。当 $\kappa_r = 60° \sim 75°$ 时，F_c 最小；$\kappa_r < 60°$ 时，F_z 随 κ_r 的增大而减小；κ_r 为 $60° \sim 75°$ 时，F_c 减到最小；$\kappa_r > 75°$ 时，F_z 随 κ_r 的增大而增大，不过 F_c 增大或减小的幅度均在 10% 以内。主偏角 κ_r 主要影响 F_p 和 F_f 的比值，κ_r 增大时，背向力 F_p 减小，进给抗力 F_f 增大。所以在切削细长轴时，采用大的 κ_r($90°$)。

3）刃倾角 λ_s 的影响（图 3-13）

刃倾角 λ_s 对主切削力 F_c 的影响很小，但对背向力 F_p、进给抗力 F_f 影响显著。其减小时，F_p 增大，F_f 减小。

4）刀尖圆弧半径 r_ε

刀尖圆弧半径 r_ε 对背向力 F_p 的影响最大，随着 r_ε 的增大，切削变形增大，切削力增大。

实验表明,当 r_ε 由 0.25 mm 增大到 1 mm 时, F_p 可增大 20% 左右,易引起振动,所以从减小切削力的角度看,应该选用较小的刀尖圆弧半径 r_ε 。

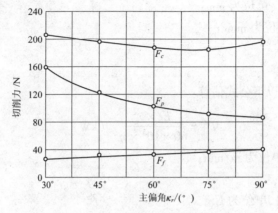

图 3 – 12　κ_r 对 F_c 、F_p 、F_f 的影响

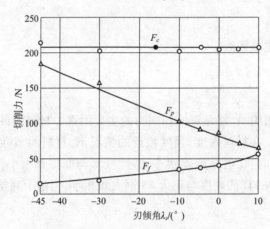

图 3 – 13　λ_s 对 F_c 、F_p 、F_f 的影响

3. 切削用量的影响

1）进给量 f 和切削深度 a_p（见图 3 – 14）

a_p 和 f 增大时,切削面积 A_D 成比例地增大,故切削力增大。但二者对切削力的影响程度不同,a_p 增大时,切削力 F_c 成比例地增大;而 f 增大时,F_c 的增大却不成比例,其影响程度比 a_p 小。根据这一规律可知,在切削面积不变的条件下,采用较大的进给量和较小的切削深度,可使切削力较小。

2）切削速度 v_c

切削速度 v_c 主要通过对积屑瘤的影响来影响切削力。如图 3 – 15 所示,在 v_c 较低时,随着 v_c 的增大,积屑瘤增高,刀具实际前角增大,故切削力减小。v_c 较高时,随着 v_c 的增大,积屑瘤逐渐减小,切削力又逐渐增大。在积屑瘤消失后,v_c 再增大,使切削温度升高,切削层金属的强度和硬度降低,切屑变形减小,摩擦力减小,因此切削力减小。当 v_c 达到一定值后再增大时,切削力变化减缓,渐趋稳定。可见在不影响切削效率的前提下,为降低切削力,应增大切削速度而减小切削深度。

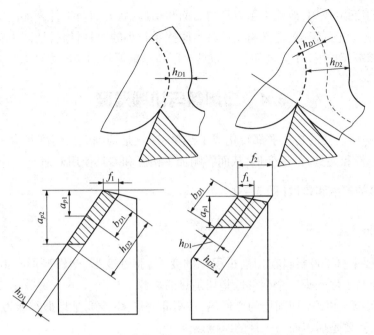

图 3 - 14　背吃刀量和进给量对切削力的影响

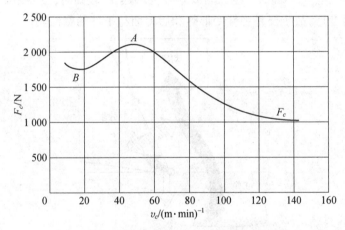

图 3 - 15　切削速度对切削力的影响

工件材料:45 钢　刀具材料:YT15

$\gamma_o = 15°, \lambda_s = 0°, \kappa_r = 45°, a_p = 2 \text{ mm}, f = 0.2 \text{ mm/r}$

在切脆性金属(如铸铁、黄铜)时,切屑和前刀面的摩擦小,v_c 对切削力无显著的影响。

4. 其他因素的影响

1)刀具磨损

刀具磨损后,刀刃变钝,后刀面与加工表面间挤压和摩擦加剧,使切削力增大。刀具磨损达到一定程度后,切削力会急剧增加。

2)切削液和刀具材料

以冷却作用为主的水溶液对切削力的影响很小。以润滑作用为主的切削液能显著地降

低切削力。由于润滑作用,故减少了刀具前刀面与切屑、后刀面与工件表面的摩擦。刀具材料对切削力也有一定的影响,选择与工件材料摩擦系数小的刀具材料,切削力会不同程度地减小。实验结果表明,用 YT 类硬质合金刀具比用高速钢刀具的切削力降低了 5% ~ 10%。

3.4 切削热与切削温度

切削过程中所消耗的功几乎都转化成了热量,这就是切削热。切削热会引起工艺系统(机床、刀具、工件和夹具)的热变形,从而影响加工精度和刀具使用寿命。

一、切削热的产生和传散(图 3 - 16)

1. 切削热的产生

切削热主要来自工件材料在切削过程中的变形(弹性变形、塑性变形)和摩擦(前刀面与切屑、后刀面与工件),即三个变形区是切削热的热源。

在第 I 变形区,主要是切削层的变形热;在第 II 变形区,主要是切屑与前刀面的摩擦热;在第 III 变形区,主要是后刀面与工件的摩擦热。

切削塑性材料,当 v_c 不高时,主要是弹、塑性变形热,v_c 较高时,主要是摩擦热;切削脆性材料时,因无塑性变形,故主要是弹性变形热和后刀面与工件的摩擦热。

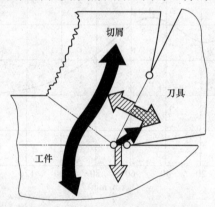

图 3 - 16 切削热源与切削热的传散

2. 切削热的传散

切削热由切屑、工件、刀具及周围介质传导出去。切削热产生与传散的关系为

$$Q = Q_变 + Q_摩 = Q_屑 + Q_工 + Q_刀 + Q_介 \tag{3-3}$$

表 3 - 4 所示为车削和钻削时切削热由各部分传出的比例。

表 3 - 4 车削和钻削时切削热由各部分传出的比例   %

类型	$Q_屑$	$Q_工$	$Q_刀$	$Q_介$
车削	50 ~ 86	40 ~ 10	9 ~ 30	1
钻削	28	14.5	52.5	5

二、切削温度及其影响因素

通常所说的切削温度,如无特别说明,均是指切削区域(即切屑、工件、刀具接触处)的平均温度。切削温度的高低取决于切削热产生的多少和切削热传散的情况。

生产中常以切屑的颜色判断切削温度的高低。如切削碳素结构钢,切屑颜色和温度的对应关系如下:

银白色——<200℃;

淡黄色——约220℃;

深蓝色——约300℃;

淡灰色——约400℃;

紫黑色——>500℃。

对于每种刀具和工件材料的组合,理论上都有一最佳切削温度,在这一温度范围内工件材料的硬度和强度相对于刀具下降较多,使刀具相对切削能力提高、磨损相对减缓。例如:

切削高强度钢时,用高速钢刀具,其最佳切削温度为480℃~650℃;

用硬质合金刀具,其最佳切削温度为750℃~1 000℃。

切削不锈钢时,用高速钢刀具,其最佳切削温度为280℃~480℃;

用硬质合金刀具,其最佳切削温度为<650℃。

1. 切削温度对切削过程的影响

1)不利的方面

(1)加剧刀具磨损,降低刀具耐用度;

(2)使工件、刀具变形,影响加工精度。温度升高,工件受热会发生变形。例如车长轴的外圆时,工件的热伸长使加工出的工件呈鼓形度;车中等长轴时,由于车刀可伸长0.03~0.04 mm(刀具热伸长始终大于刀具的磨损),所以工件会产生锥度;

(3)工件表面产生残余应力或金相组织发生变化,产生烧伤退火。

2)有利的方面

(1)使工件材料软化,变得容易切削;

(2)改善刀具材料脆性和韧性,减少崩刃;

(3)较高的切削温度,不利于积屑瘤的生成。

2. 影响切削温度的主要因素

1)切削用量

(1)切削速度。切削用量中对切削温度影响最大的是切削速度 v_c。随着 v_c 的提高,切削温度显著提高。因为当切屑沿前刀面流出时,切屑底层与前刀面发生强烈摩擦,因而产生大量的热量。但由于切屑带走热量的比例也增大,故切削温度并不随 v_c 的增大而成比例地提高。

(2)进给量。当进给量 f 增大时,切削温度随之升高,但其影响程度不如 v_c 大。这是因为 f 增大时,切削厚度增加,切屑的平均变形减小,加之进给量增加会使切屑与前刀面的接触区域增加,即散热面积 A_D 略有增大。

(3)切削深度。切削深度 a_p 对切削温度的影响最小。这是因为 a_p 增加时,刀刃工作长度成比例增加,即散热面积 A_D 也成正比增加,但切屑中部的热量传散不出去,所以切削温度略有上升。

实验得出, v_c 增加一倍,切削温度增加 20% ~ 33% ; f 增加一倍,切削温度大约增加 10% ; a_p 增加一倍,切削温度大约只增加 3%。

通过上述分析可见,随着切削用量 v_c、f、a_p 的增大,切削温度也会提高。其中 v_c 的影响最大, f 次之, a_p 最小。因此,在切削效率不变的条件下,通过减小切削速度来降低切削温度,比减小 f 或 a_p 更为有利。

2)刀具几何角度

前角 γ_o 与主偏角 κ_r 的影响最明显(如图3-17所示)。实验证明, γ_o 从10°增加到18°,切削温度下降15%,这是因为切削层金属在基本变形区和前刀面摩擦变形区变形程度随前角增大而减小。但是前角过分增大会影响刀头的散热能力,即切削热因散热体积减小不能很快传散出去。例如, γ_o 从18°增加到25°,切削温度大约只能降低5%。

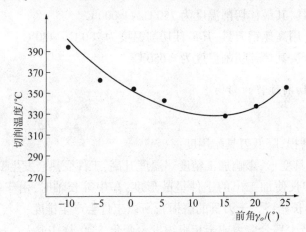

图3-17　前角 γ_o 对切削温度的影响

工件材料:45钢;刀具材料:W18Cr4V; $\kappa_r = 75°$,$\alpha_o = 6°$;

切削用量: $a_p = 1.5$ mm,$f = 0.2$ mm/r,$v_c = 20$ m/min

主偏角 κ_r 减小会使主切削刃工作长度增加,散热条件相应改善。另外, κ_r 减小会使刀头的散热体积增大,也有利于散热。因此,可采用较小的主偏角来降低切削温度,如图3-18所示。

刀尖圆弧半径 γ_ε 增大会使刀具切削刃的平均主偏角 κ_{rav} 减小,切削宽度 b_D 增大,刀具传热能力增大,切削温度降低。

3)工件材料

工件材料影响切削温度的因素主要有强度、硬度、塑性及导热性能。工件材料的强度与硬度越高,切削时消耗的功越多,产生的切削热越多,切削温度就越高;在强度、硬度大致相同的条件下,塑性、韧性好的金属材料塑性变形较严重,因变形而转变成的切削热较多,所以切削温度也较高;工件材料的导热性能好,有利于切削温度的降低。例如,不锈钢

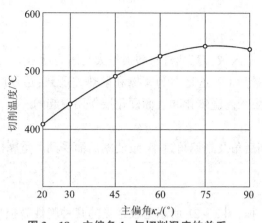

图 3 – 18　主偏角 k_r 与切削温度的关系

工件材料:45 钢;刀具材料:YT15;$\gamma_o = 15°$;

切削用量:$a_p = 2$ mm,$f = 0.2$ mm/r

1Cr18Ni9Ti 的强度、硬度虽低于 45 钢,但其导热系数小于 45 钢(约为 45 钢的 1/4),且切削温度却比 45 钢高 40% 。

　　4)刀具磨损

　　刀具磨损后切削刃变钝,刀具与工件间的挤压力和摩擦力增大,功耗增加,产生的切削热多,切削温度因而提高。

　　5)切削液

　　切削液可减小切屑、刀和工件之间的摩擦并带走大量的切削热,因此,可有效地能降低切削温度。

　　综上,为减小切削力,增大 f 比增大 a_p 有利。但从降低切削温度来考虑,增大 a_p 又比增大 f 有利。由于 f 的增大使切削力和切削温度的增加都较小,但却使材料切除率成正比例提高,所以采用大进给量切削具有较好的综合效果,特别是在粗、半精加工中得到广泛应用。

3.5　刀具磨损

　　在切削加工中,刀具有一个逐渐变钝而失去加工能力的过程,这就是磨损。刀具因磨损、崩刃、卷刃而失去加工能力的现象称为刀具的失效(钝化)。刀具的磨损对加工质量和效率影响很大,必须引起足够的重视。

一、刀具磨损形式

刀具磨损可分为正常磨损和非正常磨损两类。

1. 正常磨损

正常磨损是指随着切削时间增加磨损逐渐扩大的磨损形式,图 3 – 19 所示为正常磨损形式。

1)前刀面磨损(见图 3 – 19)

前刀面上出现月牙洼磨损,其深度为 KT,这是由切屑流出时产生摩擦和高温高压作用形成的。

2）主后面磨损（见图3-19）

主后面磨损分为三个区域：刀尖磨损，磨损量大是因为近刀尖处强度低、温度集中造成；中间磨损区，均匀磨损量为 VB，这是因为摩擦和散热差所致；边界磨损区，切削刃与待加工表面交界处磨损，这是由于高温氧化和表面硬化层作用引起的。

3）副后面磨损

在切削过程中因副后角及副偏角过小，致使副后面受到严重摩擦而产生磨损。

2. 非正常磨损

非正常磨损亦称破损，图3-21所示为较常见的几种脆性破损形式，图3-20所示为刀具的塑性变形。

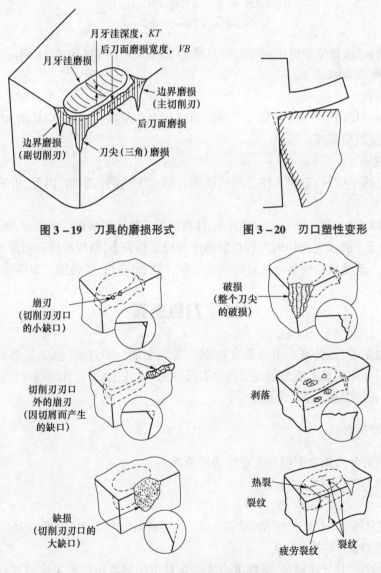

图3-19 刀具的磨损形式　　图3-20 刃口塑性变形

图3-21 刀具脆性损伤的分类

脆性损伤是由于作用于刀具的拉应力和剪切应力以及交变应力引起的,具体来说,有下述各种原因:

(1)因不合理的切削条件等使刀尖受到较大的力。

(2)因发生振颤和不连续切削等而引起瞬时较大的力。

(3)当积屑瘤等黏结物脱落。

(4)切削热和冷却条件的变化。

塑性变形是刀具切削区域因严重塑性变形而使刀面和切削刃周围产生塌陷。造成的原因主要是,切削温度过高和切削压力过大,刀头强度和硬度降低,尤其是在高速钢刀具上较易出现。

二、刀具磨损原因

为了减小和控制刀具的磨损及研制新的刀具材料,必须研究刀具磨损的原因和本质。切削过程中的刀具磨损具有下列特点:

(1)刀具与切屑、工件间的接触表面经常是新鲜表面。

(2)接触压力非常大,有时超过被切削材料的屈服强度。

(3)接触表面的温度很高,对于硬质合金刀具可达800℃~1 000℃,对于高速钢刀具可达300℃~600℃。

在上述条件下工作,刀具磨损经常是机械的、热的、化学的三种作用的综合结果,可以产生磨料磨损、冷焊磨损(有的文献称为黏结磨损)、扩散磨损、相变磨损和氧化磨损等。

1. 磨料磨损

切屑、工件的硬度虽然低于刀具的硬度,但其结构中经常含有一些硬度极高的微小的硬质点,能在刀具表面刻划出沟纹,这就是磨料磨损。硬质点有碳化物(如 Fe_3C、TiC、VC 等)、氮化物(如 TiN、Si_3N_4 等)、氧化物(如 SiO_2、Al_2O_3 等)和金属间化合物。

磨料磨损在各种切削速度下都存在,但对低速切削的刀具(如拉刀、板牙等),磨料磨损是磨损的主要原因。这是因为低速切削时,切削温度比较低,由于其他原因产生的磨损尚不显著,因而不是主要的。高速钢刀具的硬度和耐磨性低于硬质合金、陶瓷等,故其磨料磨损所占的比重较大。

2. 冷焊磨损

切削时,切屑、工件与前、后刀面之间,存在很大的压力和强烈的摩擦,因而它们之间会发生冷焊。由于摩擦它们之间有相对运动,冷焊结点产生破裂被一方带走,从而造成冷焊磨损。

一般说来,工件材料或切屑的硬度较刀具材料的硬度为低,冷焊结的破裂往往发生在工件或切屑这一方。但由于交变应力、接触疲劳、热应力以及刀具表层结构缺陷等原因,冷焊结的破裂也可能发生在刀具这一方,这时,刀具材料的颗粒被切屑或工件带走,从而造成刀具磨损。

冷焊磨损一般在中等偏低的切削速度下比较严重。在高速钢刀具正常工作的切削速度

和硬质合金刀具偏低的切削速度下，都能满足产生冷焊的条件，故此时冷焊磨损所占的比重较大。提高切削速度后，硬质合金刀具冷焊磨损减轻。

3. 扩散磨损

扩散磨损在高温下产生。切削金属时，切屑、工件与刀具接触过程中，双方的化学元素在固态下相互扩散，改变了材料原来的成分与结构，使刀具表层变得脆弱，从而加剧了刀具的磨损。例如用硬质合金切削钢材时，从800℃开始，硬质合金中的钴便迅速地扩散到切屑、工件中去，WC分解为钨和碳后扩散到钢中。因切屑、工件都在高速运动，它们和刀具的表面在接触区保持着扩散元素的浓度梯度，从而使扩散现象持续进行。于是，硬质合金表面发生贫碳、贫钨现象。黏结相钴的减少，又使硬质合金中硬质相（WC，TiC）的黏结强度降低。切屑、工件中的铁和碳则向硬质合金中扩散，形成新的低硬度、高脆性的复合碳化物。所有这些，都使刀具磨损加剧。

硬质合金中，钛元素的扩散率远低于钴、钨，TiC又不易分解，故在切削钢材时YT类合金的抗扩散磨损能力优于YG类合金。TiC基、Ti（C，N）基合金和涂层合金（涂覆TiC或TiN）则更佳；硬质合金中添加钽、铌后形成固溶体（W，Ti，Ta，Nb）C，也不易扩散，从而提高了刀具的耐磨性。

扩散磨损往往与冷焊磨损、磨料磨损同时产生，此时磨损率很高。前刀面上离切削刃有一定距离处的温度最高，该处的扩散作用最强烈，于是在该处形成月牙洼。高速钢刀具的工作温度较低，与切屑、工件之间的扩散作用进行得比较缓慢，故其扩散磨损所占的比重远小于硬质合金刀具。

用金刚石刀具切削钢、铁材料，当切削温度高于700℃时，金刚石中的碳原子将以很大的扩散强度转移到工件表面层形成新的铁碳合金，而刀具表面石墨化，从而形成严重的扩散磨损。但金刚石刀具与钛合金之间的扩散作用较小。

用氧化铝陶瓷和立方氮化硼刀具切削钢材，当切削温度高达1 000℃～1 300℃时，扩散磨损尚不显著。

4. 相变磨损

相变磨损是一种塑性变形磨损或破损。用高速钢刀具切削时，当切削温度超过其相变温度时，刀具材料的金相组织就会发生变化，使刀具硬度降低，产生急剧磨损。相变磨损是高速钢刀具磨损的主要原因之一。

5. 氧化磨损

当切削温度达到700℃～800℃时，空气中的氧便与硬质合金中的钴及碳化钨、碳化钛等发生氧化作用，产生较软的氧化物（如Co_3O_4、CoO、WO_3、TiO_2等）被切屑或工件擦掉而形成磨损，这称为氧化磨损。氧化磨损与氧化膜的黏附强度有关，黏附强度越低，则磨损越快；反之则可减轻这种磨损。一般空气不易进入刀与切屑的接触区，氧化磨损最容易在主、副切削刃的工作边界处形成，在这里的后刀面（有时在前刀面）上划出较深的沟槽，这是造成"边界磨损"的原因之一。

6. 热电磨损

工件、切屑与刀具由于材料不同,切削时在接触区产生电势,这种热电势有促进扩散的作用从而加速刀具磨损。这种热电势的作用下产生的扩散磨损,称为"热电磨损"。试验证明,若在刀具和工件接触处通以与热电势相反的电动势,可减少热电磨损。

总之,在不同的工件材料、刀具材料和切削条件下,磨损原因和磨损强度是不同的。对于一定的刀具和工件材料,切削温度对刀具磨损具有决定性的影响。高温时扩散和氧化磨损强度高;在中低温时,冷焊磨损占主导地位;磨料磨损则在不同的切削温度下都存在。

三、磨损过程及磨钝标准

1. 刀具磨损过程

无论何种磨损形式,刀具的磨损过程和一般机器零件的磨损规律相同,如图 3 – 22 所示,可分为三个阶段:

(1)初期磨损阶段(AB 段)。这一阶段磨损速率大,这是因为新刃磨的刀具后刀面存在凹凸不平、氧化或脱碳层等缺陷,使刀面表层上的材料耐磨性较差。

(2)正常磨损阶段(BC 段)。经过初期磨损后,刀具后刀面的粗糙表面已经磨平,承压面积增大,压应力减小,从而使磨损速率明显减小,且比较稳定,即刀具进入正常磨损阶段。

(3)急剧磨损阶段(CD 段)。当磨损量达到 VB 程度后,摩擦力增大,切削力和切削温度急剧上升,刀具磨损速率增大,以致刀具迅速损坏而失去切削能力。

实际生产中,在正常磨损后期、急剧磨损前刃磨和换刀。

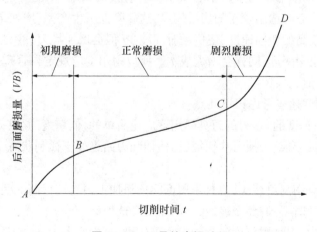

图 3 – 22　刀具的磨损过程

2. 刀具的磨钝标准

从刀具磨损过程可见,刀具不可能无休止地使用,磨损量达到一定程度就要重磨和换刀,这个允许的限度称为磨钝标准。由于后刀面磨损最常见,且易于控制和测量,通常以后

刀面中间部分的平均磨损量 VB 作为磨钝标准。当刀具以月牙洼磨损为主要形式时,可用月牙洼深度 KT 规定磨钝标准。对于一次性对刀的自动化精加工刀具,则用 VB 作为指标。根据生产实践的调查资料,硬质合金车刀磨钝标准推荐值见表 3 – 5。

表 3 – 5 硬质合金车刀磨损限度

加工条件	碳钢及合金钢		铸铁	
	粗车	精车	粗车	精车
VB/mm	1.0 ~ 1.4	0.4 ~ 0.6	0.8 ~ 1.0	0.6 ~ 0.8

实际生产中,有经验的操作人员往往凭直观感觉来判断刀具是否已经磨钝。工件加工表面粗糙度的 Ra 值开始增大,切屑的形状和颜色发生变化,工件表面出现挤亮的带,切削过程产生振动或刺耳噪声等,都标志着刀具已经磨钝。

四、刀具寿命

生产中不可能经常测量 VB 高度来掌握磨损程度,而是用规定的刀具使用时间作为限定刀具磨损量的标准。

1. 刀具耐用度的概念

刀具刃磨后,从开始切削到磨损量达到磨钝标准 VB 所经过的切削时间。即两次刃磨间的总切削时间,用 T 表示,单位:min。它不包括对刀、夹紧、测量、快进、回程等辅助时间。

2. 刀具耐用度的确定

刀具耐用度对切削加工的生产率和成本都有直接的影响,不能规定得太高或太低。如果定得太高,切削时势必选用较小的切削用量,这就降低了生产率,增加了成本;如果定得太低,虽然允许采用较高的切削速度,使机动时间减少,但会增加换刀、磨刀或调整机床所用的辅助时间,生产率也会降低,同样会增大成本。所以耐用度应规定得合理。目前生产中常用的刀具耐用度参考值见表 3 – 6。

确定刀具耐用度还应考虑以下几点:

(1)复杂的、高精度的、多刃的刀具耐用度应比简单的、低精度的、单刃刀具高;

(2)可转位刀具因换刃、换刀片快捷,为使切削刃始终处于锋利状态,刀具耐用度可规定得低一些;

(3)精加工刀具切削负荷小,刀具耐用度应比粗加工刀具选得高一些;

(4)精加工大件时,为避免中途换刀,耐用度应选得高一些;

(5)数控加工中,刀具耐用度应大于一个工作班,至少应大于一个零件的切削时间。

目前,数控机床和加工中心所使用的数控刀具,由于它使用高性能刀具材料和良好的刀具结构,能很高地提高切削速度和缩短辅助时间,对于提高生产效率和生产效益起着重要作用。此外,在刀具上消耗的成本也很低,仅占生产成本的3% ~4%,为此,目前数控刀具的寿命均低于其他刀具,例如:车刀寿命定为 T = 15 min。

表3-6 刀具寿命参考值

刀具类型	刀具寿命/min	刀具类型	刀具寿命/min
高速钢车刀、刨刀、镗刀	60	高速钢钻头	80~120
硬质合金焊接车刀	30~60	硬质合金面铣刀	90~180
可转位车刀、陶瓷车刀	15~45	齿轮刀具	200~300
立方氮化硼车刀	120~150	组合机床、自动机床、自动线刀具	240~480
金刚石车刀	600~1 200		

复习思考题

1. 试述三个切削变形区的变形特点及各变形区里主要讨论的问题。

2. 切屑有哪些类型？各种切屑有什么特征？在什么条件下形成？

3. 什么是积屑瘤？有何特点？积屑瘤对切削加工有什么影响？如何控制积屑瘤？

4. 什么是加工硬化？如何表示？实际加工中通常采用哪些措施来减少加工硬化？

5. 已加工表面质量用什么衡量？已加工表面粗糙度产生的原因是什么？采用哪些方法可以降低已加工表面粗糙度？

6. 试述背吃刀量、进给量和主偏角对各切削分力的影响规律。

7. 试述切削用量三要素和主偏角对切削温度的影响规律。

8. 试述刀具正常磨损形式和原因。

9. 刀具磨损过程分为几个阶段？各阶段有什么特点？

10. 切削温度是影响刀具磨损的主要原因，这种说法是否正确？为什么？

11. 什么是刀具磨损标准？切削加工中如何判断刀具是否已经磨损？

12. 什么是刀具寿命？刀具寿命与刀具磨损有何关系？影响刀具寿命的主要因素是什么？生产中确定合理的刀具寿命有哪些办法？

教学单元4　切削条件的合理选择

4.1　任务引入

已知:图4-1所示为加工工件尺寸,工件材料为45钢热轧棒料,$\sigma_b = 0.637$ GPa。工件原始坯料直径为$\phi60$ mm,粗车外圆至$\phi54$ mm,$Ra12.5$ μm;半精车外圆至$\phi53$ mm,$Ra3.2$ μm。所选机床为CA6140。粗车和半精车时的刀具材料、刀具几何参数和切削用量该如何选择呢?

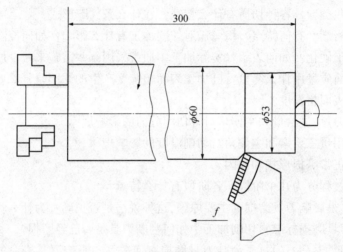

图4-1　光轴尺寸

4.2　相关知识

4.2.1　刀具材料及其选用

一、概述

1.刀具材料应具备的性能

在切削过程中,刀具切削部分不仅要承受很大的切削力,而且要承受切屑变形和摩擦产生的高温,要保持刀具的切削能力,刀具应具备如下的切削性能。

1)高的硬度和耐磨性

刀具材料的硬度必须高于工件材料的硬度。常温下一般应在HRC60以上。一般说来,刀具材料的硬度越高,耐磨性也越好。耐磨性除与硬度有关外,还与刀具金相组织中碳化物的种类、数量、大小及分布情况有关。

2）足够的强度和韧性

刀具切削部分要承受很大的切削力和冲击力。因此,刀具材料必须要有足够的强度和韧性。一般用刀具材料的抗弯强度和冲击韧性值来反映材料强度和韧性高低。

3）良好的耐热性和导热性

刀具材料的耐热性是指在高温下仍能保持其硬度和强度,这是刀具材料必备的关键性能。耐热性越好,刀具材料在高温时抗塑性变形的能力、抗磨损的能力也越强。高温硬度是其重要指标,常用耐热温度表示。如高速钢约为 600 ℃,硬质合金可达 800 ℃ ~ 1 000 ℃。

刀具材料的导热性越好,切削时产生的热量越容易传导出去,从而降低切削部分的温度,减轻刀具磨损。

4）良好的工艺性

为便于制造,要求刀具材料具有良好的可加工性。包括热加工性能(热塑性、可焊性、淬透性)和机械加工性能。

5）稳定的化学性能

这是提高刀具抗化学磨损的需要。刀具材料的化学性能越稳定,在高温、高压下,才能保持良好的抗扩散、抗氧化的能力。刀具材料与工件材料的亲和力小,则刀具材料的抗黏结性能好,黏结磨损小。

此外,刀具材料还应具有较好的经济性,以便于推广使用。同时应注意立足于国内的刀具材料。

2. 刀具材料类型

当前使用的刀具材料分四大类:工具钢(包括碳素工具钢、合金工具钢、高速钢),硬质合金,陶瓷,超硬刀具材料。一般机加工使用最多的是高速钢与硬质合金。各类刀具材料硬度与韧性如图 4 − 2 所示。一般硬度越高者可允许的切削速度越高,而韧性越高者可承受的切削力越大。

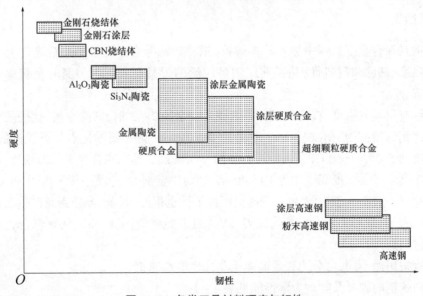

图 4 − 2　各类刀具材料硬度与韧性

工具钢耐热性差,但抗弯强度高,价格便宜,焊接与刃磨性能好,故广泛用于中、低速切削的成形刀具,不宜高速切削。硬质合金耐热性好,切削效率高,但刀片强度、韧性不及工具钢,焊接刃磨工艺性也比工具钢差,多用于制作车刀、铣刀及各种高效切削刀具。

3. 刀体材料

一般均用普通碳钢或合金钢制作,如焊接车刀、镗刀、钻头、铰刀的刀柄。尺寸较小的刀具或切削负荷较大的刀具宜选用合金工具钢或整体高速钢制作,如螺纹刀具、成形铣刀、拉刀等。

机夹、可转位硬质合金刀具,镶硬质合金钻头,可转位铣刀等的刀体可用合金工具钢制作,如 9CrSi 或 GCr15 等。

对于一些尺寸较小、刚度较差的精密孔加工刀具,如小直径镗刀、铰刀,为保证刀体有足够的刚度,宜选用整体硬质合金制作,以提高刀具寿命和加工精度。

二、碳素工具钢与合金工具钢

碳素工具钢是含碳量较高的碳钢,含碳量为 0.70% ~ 1.35%。含碳量越高,硬度与耐磨性越好,但韧性越低。

碳素工具钢淬火后硬度为 HRC60 ~ 64,与一般高速钢相近。但是,它的耐热性很差,当切削刃工作温度超过 200℃ ~ 250℃ 时,硬度将急剧下降,失去切削能力。因此,碳素工具钢只能在 8 ~ 10 m/min 的切削速度下工作。碳素工具钢的淬透性差,淬硬层薄(一般为 3 mm),且淬火时须在水中急速冷却,容易产生淬火变形和开裂。

在碳素工具钢中加入一定量的合金元素,如钨、铬、钼、钒、锰、硅等,即成为合金工具钢。这些钢淬火后的硬度达 HRC60 ~ 65,与碳素工具钢差别不大,但耐热性稍高,300℃ ~ 400℃,因此切削速度可比碳素工具钢高 20% 左右。与碳素工具钢相比,它的主要优点是淬火变形小,淬透性高,适于制造要求热处理变形小的低速刀具。

三、高速钢

高速钢是在合金工具钢中加入较多的钨、钼、铬、钒等合金元素的高合金工具钢。它具有较高的强度、韧性和耐热性,是目前应用最广泛的刀具材料。因刃磨时易获得锋利的刃口,又称"锋钢"。

高速钢有很高的强度,抗弯强度为一般硬质合金的 2 ~ 3 倍,韧性也高,比硬质合金高几十倍。高速钢的硬度为 HRC63 ~ 69。热处理变形较小。更主要的优点是有较高的耐热性,在切削温度达 500℃ ~ 650℃ 时,尚能进行切削。与碳素工具钢和合金工具钢相比,高速钢能提高切削速度 1 ~ 3 倍,提高耐用度 10 ~ 40 倍,切削中碳钢时,速度一般不大于 30 m/min,加工材料的硬度一般不大于 HRC30。高速钢可加工性也很好,目前,高速钢是制造各种复杂刀具(如钻头、拉刀、成形刀具、丝锥、齿轮刀具等)的主要材料,可以加工从有色合金到高温合金的各种材料。

高速钢按用途不同,可分为普通高速钢和高性能高速钢。

常用高速钢的牌号及物理力学性能见表 4 – 1。

表 4 – 1　常用高速钢的牌号与性能

类别		牌号	洛氏硬度/HRC	抗弯强度/GPa	冲击韧性/(kJ·m⁻²)	高温(600℃)硬度/HRC
通用型高速钢		W18Cr4V	62 ~ 66	3.34	0.294	48.5
		W6Mo5Cr4V2	62 ~ 66	4.6	0.5	47 ~ 48
高性能高速钢	钴高速钢	W2Mo9Cr4VCo8	66 ~ 70	2.75	0.25	55
	铝高速钢	W6Mo5CrV2Al	68 ~ 69	3.43	0.3	55

1. 通用型高速钢

通用型高速钢应用最广,约占高速钢总量的 75%。碳的质量分数为 0.7% ~ 0.9%,按含钨、钼量的不同分为钨系、钨钼系。主要牌号有以下 3 种:

1) W18Cr4V(18 — 4—1)钨系高速钢

18 — 4 — 1 高速钢具有较好的综合性能。因含钒量少,刃磨工艺性好。淬火时过热倾向小,热处理控制较容易。缺点是碳化物分布不均匀,不宜做大截面的刀具;热塑性较差;又因钨价高,国内使用逐渐减少,国外已很少采用。

2) W6Mo5Cr4V2(6 — 5 — 4 — 2)钨钼系高速钢

6—5—4—2 高速钢是国内外普遍应用的牌号。因一份 Mo 可代替两份 W,这就能减少钢中的合金元素,降低钢中碳化物的数量及分布的不均匀性,有利于提高热塑性、抗弯强度与韧性。加入 3% ~5% 质量分数的钼,可改善刃磨工艺性。因此 6 — 5 — 4 — 2 的高温塑性及韧性胜过 18 — 4—1,故可用于制造热轧刀具,如扭制麻花钻等。主要缺点是淬火温度范围窄,脱碳过热敏感性大。

3) W9Mo3Cr4V(9—3—4—1)钨钼系高速钢

9—3—4—1 高速钢是根据我国资源研制的牌号。其抗弯强度与韧性均比 6 — 5 — 4 — 2 好。高温热塑性好,而且淬火过热、脱碳敏感性小,有良好的切削性能。

2. 高性能高速钢

高性能高速钢是指在通用型高速钢中增加碳、钒,添加钴或铝等合金元素的新钢种。其常温硬度可达 HRC67 ~ 70,耐磨性与耐热性有显著的提高,能用于不锈钢、耐热钢和高强度钢的加工。

高碳高速钢的含碳量提高,以使钢中的合金元素能全部形成碳化物,从而提高钢的硬度与耐磨性,但其强度与韧性略有下降,目前已很少使用。

高钒高速钢是将钢中的钒的质量分数增加到 3% ~5%。由于碳化钒的硬度较高,可达到 2 800 HV,比普通钢硬度高,所以一方面增加了钢的耐磨性,同时也增加了此钢种的刃磨难度。

钴高速钢的典型牌号是 W2Mo9Cr4VCo8(M42)。在钢中加入了钴,可提高高速钢的高温硬度和抗氧化能力,因此能适用于较高的切削速度。钴在钢中能促进钢在回火时从马氏体中析出钨、钼的碳化物,提高回火硬度。钴的热导率较高,对提高刀具的切削性能是有利的。钢中加入钴尚可降低摩擦系数,改善其磨削加工性。

铝高速钢是我国独创的高生产率高速钢。典型的牌号是 W6Mo5Cr4V2Al（501）。铝不是碳化物的形成元素，但它能提高 W、Mo 等元素在钢中的溶解度，并可阻止晶粒长大。因此，铝高速钢可提高高温硬度、热塑性与韧性。铝高速钢在切削温度的作用下，刀具表面可形成氧化铝薄膜，减少与切屑的摩擦和黏结。501 高速钢的力学性能和切削性能与美国 M42 高性能高速钢相当，其价格较低廉，铝高速钢的热处理工艺要求较严。

3. 粉末冶金高速钢

普通高速钢都是熔炼的方法制成的，而粉末冶金高速钢是用高压氩气或纯氮气，使熔化的高速钢钢液雾化，直接得到细小的高速钢粉末，在高温下压制成细密的钢坯，然后锻轧成钢材或刀具形状。这种高速钢具有细小均匀的结晶组织，具有良好的力学性能。抗弯强度、冲击韧度分别是熔炼高速钢的 2 倍和 2.5 ~ 3 倍，并具有良好的磨削性能和热处理工艺性。粉末冶金高速钢刀具可用于加工普通钢，也可用于加工不锈钢、耐热钢和其他特殊钢，刀具寿命可提高 1 ~ 1.5 倍，但造价昂贵。一般用来制作形状复杂的大尺寸刀具（如滚刀、插齿刀等）及截面尺寸小、切削刃薄的成形刀具。

4. 涂层高速钢

涂层刀具材料是在刀具材料（如高速钢或硬质合金）的基体上，涂覆一层几微米厚的高硬度、高耐磨性的金属化合物而制成的。这种刀具材料既具有基体的强度和韧性，又使表面有更高的硬度和耐磨性，性能优异。自 20 世纪 60 年代出现以来发展迅速，应用广泛。

涂层高速钢是用物理气相沉积法（PVD）在高速钢刀具基体上涂覆一薄层 TiN 而成的刀具材料。由于基体是强度、韧性较好的高速钢，表层是硬度和耐磨性很高的 TiN 涂层，同时 TiN 涂层有较高的热稳定性，与钢的摩擦系数小，且与高速钢结合牢固，所以涂层高速钢刀具寿命比不涂层高速钢的刀具寿命提高 2 ~ 10 倍。目前涂层高速钢已在钻头、齿轮刀具、拉刀、丝锥等结构复杂刀具上广泛应用。

四、硬质合金

硬质合金是由硬度和熔点很高的碳化物（称硬质相）和金属（称黏结相）通过粉末冶金工艺制成的。硬质合金刀具中常用的碳化物有 WC、TiC、TaC、NbC 等。常用的黏结剂是 Co，碳化钛基的黏结剂是 Mo、Ni。

硬质合金的物理力学性能取决于合金的成分、粉末颗粒的粗细以及合金的烧结工艺。含高硬度、高熔点的硬质相越多，合金的硬度与高温硬度越高。含黏结剂越多，强度越高。合金中加入 TaC、NbC 有利于细化晶粒，提高合金的耐热性。常用的硬质合金牌号中含有大量的 WC、TiC，因此硬度、耐磨性、耐热性均高于工具钢。常温硬度达到 89 ~ 94HRA，耐热性达到 800℃ ~ 1 000℃。切削钢时，切削速度可达到 220 m/min 左右。在合金中加入熔点更高的 TaC、NbC，可使耐热性提高到 1 000℃ ~ 1 100℃，切削钢时，切削速度可进一步提高到 200 ~ 300 m/min。

各类合金的 ISO 标准牌号见表 4 - 2。

表 4 – 2　ISO 标准牌号

代号	色标	加工工件材料组
P	蓝色	钢
K	红色	铸铁
M	黄色	不锈钢
N	绿色	铝
S	橙色	耐热合金和钛合金
H	灰色	淬火钢

1. 粉末涂层普通硬质合金

1）K 类合金（冶金部标准 YG 类）

K 类合金抗弯强度与韧性比 P 类高，能承受对刀具的冲击，可减少切削时的崩刃，但耐热性比 P 类差，因此主要用于加工铸铁、非铁材料与非金属材料。在加工脆性材料时切屑呈崩碎状。K 类合金导热性较好，有利于降低切削温度。此外，K 类合金磨削加工性好，可以刃磨出较锋利的刃口，故也适合加工非铁材料及纤维层压材料。

常用的牌号有：YG8、YG6、YG3，它们制造的刀具依次适用于粗加工、半精加工和精加工。数字表示 Co 含量的百分数，合金中含钴量愈高，韧性愈好，适于粗加工；钴含量少的用于精加工。

2）P 类合金（冶金部标准 YT 类）（GB/T 2075—1998 标准中）

P 类合金有较高的硬度，特别是有较高的耐热性，较好的抗黏结、抗氧化能力。它主要用于加工以钢为代表的塑性材料。加工钢时塑性变形大、摩擦剧烈、切削温度较高。P 类合金磨损慢，刀具寿命高。合金中含 TiC 量较多者，含 Co 量就少，耐磨性、耐热性就更好，适合精加工。但 TiC 量增多时，合金导热性变差，焊接与刃磨时容易产生裂纹。含 TiC 量较少者，则适合粗加工。

常用的牌号有：YT5、YT15、YT30 等，其中的数字表示碳化钛含量的百分数，碳化钛的含量越高，则耐磨性较好、韧性越低。这三种牌号的硬质合金制造的刀具分别适用于粗加工、半精加工和精加工。

P 类合金中的碳化钛基类（TiC + WC + Ni + Mo）（冶金部标准 YN 类），它以 TiC 为主要成分，Ni、Mo 作黏结金属。适合高速精加工合金钢、淬硬钢等。

TiC 基合金的主要特点是硬度非常高，达到 90 ~ 93HRA，有较好的耐磨性。特别是 TiC 与钢的黏结温度高，使抗月牙洼磨损能力强。有较好的耐热性与抗氧化能力，在 1 000 ℃ ~ 1 300 ℃高温下仍能进行切削。切削速度可达 300 ~ 400m/min。此外，该合金的化学稳定性好，与工件材料亲和力小，能减少与工件摩擦，不易产生积屑瘤。

钛基硬质合金的英文名"Cermet"，这类合金常称之为"金属陶瓷"。

最早出现的金属陶瓷是 TiC 基合金，其主要缺点是抗塑性变形能力差，抗崩刃性差。现在已发展为以 TiC、TiN、TiCN 为基，且以 TiN 为主，因而使耐热冲击性及韧性都有了显著提高。

3）M 类合金（冶金部标准 YT 类）（GB/T 2075—1998 标准中）

硬质合金中添加 TaC、NbC 后，能够有效提高常温硬度、高温强度和高温硬度，细化晶

粒,提高抗扩散和抗氧化磨损的能力,从而提高了耐磨性。此外还能增强抗塑性变形的能力。因此,切削性能得以改善。

通常使用添加钽、铌的硬质合金,是为了提高硬质合金的耐磨性、抗冲击能力和使用中的通用性。

添加钽、铌的硬质合金分为两大类:

(1)WC + TaC(Nb) + Co 类,即在 YG 类合金的基础上又加入了 TaC、NbC。如株洲硬质合金厂研制的 YG6A 和 YG8N 就属于这类合金。

(2)WC + TiC + TaC(Nb) + Co 类,即在 YT 类合金的基础上又加入了 TaC、NbC,用以加工钢料。个别牌号也能加工铸铁。这类合金品种繁多,常见的通用合金牌号 YW1、YW2、YW3 等。

常用硬质合金钢牌号及用途见表 4 – 3。

表 4 – 3　常用硬质合金钢牌号及用途

牌号	用　途
YG3	铸铁、非铁金属及其合金的精加工、半精加工。要求切削时不承受冲击载荷
YGX6	铸铁、冷硬铸铁、高温合金的精加工、半精加工
YG6	铸铁、非铁金属及其合金的半精加工与粗加工
YG8	铸铁、非铁金属及其合金、非金属材料的粗加工,也可用于断续切削
YT30	碳素钢、合金钢的精加工
YT15 YT14	碳素钢、合金钢连续切削时的粗加工、半精加工,也可用于断续切削时的精加工
YT5	碳素钢、合金钢的粗加工,可用于断续切削
YA6	冷硬铸铁、非铁金属及其合金的半精加工,也可用于淬火钢、高锰钢、合金钢的半精加工和精加工
YW1	高温合金、高锰钢、不锈钢等难加工材料及普通钢料、铸铁、非铁金属及其合金的半精加工与精加工
YW2	高温合金、高锰钢、不锈钢等难加工材料及普通钢料、铸铁、非铁金属及其合金的粗加工与半精加工
YN05	低碳钢、中碳钢、合金钢的高速精车、工艺系统刚性较好的细长轴精加工
YN10	碳钢、合金钢、工具钢、淬硬钢连续表面的精加工

2. 涂层普通硬质合金

通过化学气相沉积(CVD)等方法,在硬质合金刀片的表面上涂覆耐磨的 TiC 或 TiN、Al_2O_3 等薄层,形成表面涂层硬质合金。这是现代硬质合金研制技术的重要进展。1969 年,西德克虏伯公司和瑞典山特维克公司研制的 TiC 涂层硬质合金刀片初次投入市场。1970 年后,美国、日本和其他国家也都开始生产这种刀片。三十余年来,涂层技术有了很大的进展。涂层硬质合金刀片由第一代、第二代已发展到第三代、第四代产品。

涂层硬质合金刀片一般均制成可转位的式样。用机夹方法装夹在刀杆或刀体上使用。它具有以下优点:

(1)由于表层的涂层材料具有极高的硬度和耐磨性,故与未涂层硬质合金相比,涂层硬质合金允许采用较高的切削速度,从而提高了加工效率;或能在同样的切削速度下大幅度地提高刀具耐用度。

(2)由于涂层材料与被加工材料之间的摩擦系数较小,故与未涂层刀片相比,涂层刀片的切削力有一定降低。

(3)涂层刀片加工时,已加工表面质量较好。

(4)由于综合性能好,涂层刀片有较好的通用性。一种涂层牌号的刀片有较宽的适用范围。

五、陶瓷

高速钢和硬质合金是应用最广泛的刀具材料,高速钢的主要化学成分是铁、碳和其他合金元素(W、Mo、Cr、V 等),形成碳化铁与复合碳化物,具备切削刀具所需的性能。硬质合金的主要化学成分是碳化钨、碳化钛、碳氮化钛及钴等。硬质合金的切削速度高于高速钢。在 20 世纪中,又出现了以氧化物、氮化硅为主要成分的刀具材料——陶瓷。

目前,陶瓷刀片的制造主要用热压法,即将粉末状在高温高压下压制成饼状,然后切割成刀片。另一法是冷压法,即将原材料粉末在常温下压制成坯,结成为刀片。热压法制品质量好,因此是目前陶瓷的主要制造方法。

不同种类的陶瓷刀具材料有着不同的应用范围。氧化铝系的陶瓷主要加工各种铸铁(灰铸铁、球墨铸铁、可锻铸铁、冷硬铸铁、高合金耐磨铸铁等)和各种钢料(碳素结构钢、合金结构钢、高强度钢、高锰钢、淬硬钢等);也可以加工铜合金、石墨、工程塑料和复合材料。不宜加工铝合金、钛合金,这是由于化学性质的原因。氮化硅系陶瓷不能加工出长屑的钢料(如正火、热轧状态),其余加工范围与氧化铝系陶瓷近似。

目前,陶瓷刀具材料主要应用于车削、镗削和端铣等精加工和半精加工工序。最适宜加工淬硬钢、高弹强度钢与高硬度铸铁,切削效果比硬质合金刀具有显著提高;加工一般硬度的钢材和铸铁,效果常不如上述显著。

六、超硬材料

超硬刀具材料指金刚石与立方氮化硼(CBN)。

1. 金刚石

金刚石是碳的同素异形体,是目前最硬的物质,显微硬度达 10 000 HV。

金刚石刀具有三类:

(1)天然单晶金刚石刀具。天然单晶金刚石刀具主要用于非铁材料及非金属的精密加工。单晶金刚石结晶界面有一定的方向,不同的晶面上硬度与耐磨性有较大的差异,刃磨时需选定某一平面,否则影响刃磨与使用质量。

(2)人造聚晶金刚石(PCD)。人造金刚石是通过合金触媒的作用,在高温高压下由石墨转化而成。我国 20 世纪 60 年代就成功地获得第一颗人造金刚石。人造聚晶金刚石是将人造金刚石微晶在高温高压下再烧结而成,可制成所需形状尺寸,镶嵌在刀杆上使用。由于抗冲击强度提高,可选用较大切削用量。聚晶金刚石结晶界面无固定方向,可自由刃磨。

（3）金刚石烧结体。它是在硬质合金基体上烧结一层约 0.5 μm 厚的聚晶金刚石。金刚石烧结体强度较好,允许切削断面较大,也能间断切削,可多次重磨使用。

金刚石刀具的主要优点是:

①有极高的硬度与耐磨性。

②有很好的导热性,较低的热膨胀系数。因此,切削加工时不会产生很大的热变形,有利于精密加工。

③刃面粗糙度较小,刃口非常锋利。因此,能胜任薄层切削,用于超精密加工。

聚晶金刚石主要用于制造刃磨硬质合金刀具的磨轮、切割大理石等石材制品用的锯片与磨轮。

金刚石(PCD)具有更高的硬度及其他优异性能,它所制作的刀具,应用范围更为广泛,可以加工各种难加工材料、非难加工材料:

对有色金属(主要对铜、铝及其合金)进行超精密切削加工;因为金刚石刀具,尤其是天然金刚石刀具,其切削刃可以磨得十分锋利,可以研磨出纳米级的钝圆半径。切削纯钨、纯钼;切削工程陶瓷、硬质合金、工业玻璃;切削石墨、各种塑料;切削各种复合材料,包括金属基与非金属基的材料、纤维加强和颗粒加强的材料;用于牙科、骨科所用的各种医疗器械工具;用于各种木材加工刀具和石材加工工具。

2. 立方氮化硼(CBN)

立方氮化硼是由六方氮化硼(白石墨)在高温高压下转化而成的,是 20 世纪 70 年代发展起来的新型刀具材料。

立方氮化硼刀具的主要优点是:

(1)有很高的硬度与耐磨性,达到 3 500 ~ 4 500HV,仅次于金刚石。

(2)有很高的热稳定性,1 300 ℃时不发生氧化,与大多数金属、铁系材料都不起化学作用。因此能高速切削高硬度的钢铁材料及耐热合金,刀具的黏结与扩散磨损较小。

(3)有较好的导热性,与钢铁的摩擦系数较小。

立方氮化硼(CBN)的应用范围:切削各种淬硬钢,包括碳素工具钢、合金工具钢、高速钢、轴承钢、模具钢等;切削各种铁基、镍基、钴基和其他热喷涂(焊)零件。

4.2.2　工件材料的切削加工性

材料切削加工的难易程度称为材料的切削加工性。良好的切削加工性一般包括:在相同切削条件下刀具具有较高的耐用度;在相同切削条件下,切削力、切削功率较小,切削温度较低;加工时,容易获得良好的表面质量;容易控制切屑的形状,容易断屑。材料切削加工性的好坏,对于顺利完成切削加工任务,保证工件的加工质量意义重大。

材料的切削加工性不仅是一项重要的工艺性能指标,而且是材料多种性能的综合评价指标。材料的切削加工性不仅可以根据不同情况从不同方面进行评定,而且也是可以改变的。

一、切削加工性评定的主要指标

工件材料切削加工性可以从多方面进行评定。不同加工情况,可采用不同的指标衡量。

粗加工时,通常采用刀具耐用度指标;精加工时,通常采用加工表面质量指标。

在刀具耐用度指标中以相对切削加工性(用 K_r 表示)使用最为方便。根据 K_r 的大小可方便地判断出材料加工的难易程度。以 45 钢(170~229 HBS,$\sigma_b = 0.637$ GPa)的 V_{60} 为基准,记作 $(V_{60})j$,其他材料 V_{60} 与之的比值即为相对切削加工性,用 K_r 表示,即:

$$K_r = \frac{V_{60}}{(V_{60})j}$$

常用工件材料的 K_r 见表 4-4。K_r 越大,材料加工性越好。从表 4-4 中可以看出,当 $K_r > 1$ 时该材料比 45 钢易切削;反之,该材料比 45 钢难切削,例如,正火 30 钢就比 45 钢易切削。一般把 $K_r \leqslant 0.5$ 的材料称为难加工材料,例如,高锰钢、不锈钢等。

其他指标有加工表面质量指标、切屑控制难易指标、切削温度、切削力、切削功率指标。加工表面质量指标是在相同加工条件下,比较加工后的表面质量(如表面粗糙度等)来判定切削加工性的好坏。加工表面质量越好,加工性越好。切屑控制难易指标是从切屑形状及断屑难易与否来判断材料加工性的好坏。切削温度、切削力、切削功率指标是根据切削加工时产生的切削温度的高低、切削力的大小、功率消耗的多少来评判材料加工性,这些数值越大,说明材料加工性越差。

表 4-4 相对切削加工性及其分级

加工性等级	工件材料分类		相对切削加工性	代表性材料
1	很容易切削的材料	一般非铁金属	>3.0	5-5-5 铜铅合金、铝镁合金、9-4 铝铜合金
2	容易切削的材料	易切钢	2.5~3.0	退火 15Cr、自动机钢
3		较易切钢	1.6~2.5	正火 30 钢
4	普通材料	一般钢、铸铁	1.0~1.6	45 钢、灰铸铁、结构钢
5		稍难切削的材料	0.65~1.0	调质 2Cr13、85 钢
6	较难切削的材料	较难切削的材料	0.5~0.65	调质 45Cr、调质 65Mn
7		难切削材料	0.15~0.5	1Cr18Ni9Ti、调质 50CrV、某些钛合金
8		很难切削材料	<0.15	铸造镍基高温合金、某些钛合金

二、切削加工性的影响因素

材料的物理力学性能、化学成分、金相组织是影响材料切削加工性的主要因素。

1. 材料的物理力学性能

就材料物理力学性能而言,材料的强度、硬度越高,切削时抗力越大,切削温度越高,刀具磨损越快,切削加工性越差;强度相同,塑性、韧性越好的材料,切削变形越大,切削力越大,切削温度越高,并且不易断屑,故切削加工性越差。材料的线膨胀系数越大、导热系数越小,加工性也越差。

2. 化学成分

就材料化学成分而言,增加钢的含碳量,强度、硬度提高,塑性、韧性下降。显然,低碳钢切削时变形大,不易获得高的加工表面;高碳钢切削抗力太大,切削困难;中碳钢介于两者之

间,有较好的切削加工性。增加合金元素会改变钢的切削加工性,例如,锰、硅、镍、铬等都能提高钢的强度和硬度。石墨的含量、形状、大小影响着灰铸铁的切削加工性,促进石墨化的元素能改善铸铁的切削加工性,例如,碳、硅、铝、铜、镍等;阻碍石墨化的元素能降低铸铁的切削加工性,例如,锰、磷、硫、铬、钒等。

3. 金相组织

就材料的金相组织而言,钢中的珠光体有较好的切削加工性,铁素体和渗碳体则较差;托氏体和索氏体组织在精加工时能获得质量较好的加工表面,但必须适当降低切削速度;奥氏体和马氏体切削加工性很差。

三、材料切削加工性的改善

1. 进行适当的热处理

一般说来,将工件材料进行适当的热处理是改善材料切削加工性的主要措施。

对于性质很软、塑性很高的低碳钢,加工时不易断屑、容易硬化。往往采用正火的办法,提高其强度和硬度,从而改善其切削加工性。对于硬度很高的高碳工具钢,加工时刀具极易磨损。可以采用球化退火的办法,降低其硬度,从而改善其切削加工性。

2. 改变加工条件

合理选择刀具材料、刀具几何参数、切削用量也是改善材料切削加工性的有效措施。

对于铝及铝合金等易切削材料,为了减小积屑瘤和加工硬化等对已加工表面质量带来的不利影响,通常选用大前角刀具和高的切削速度,并尽量把刀磨得锋利、光整。对于不锈钢材料,为了克服其容易加工硬化、导热性差、切削温度高、不易断屑等突出问题,通常采用韧性好的 K 类硬质合金刀片、选用较大的前角和小的主偏角、采用较大的进给量等。

3. 采用新技术

采用新的切削加工技术也是解决某些难加工材料切削问题的有效措施。

这些新加工技术是加热切削、低温切削、振动切削等。例如,对耐热合金、淬硬钢、不锈钢等难加工材料进行加热切削,通过切削区中材料温度的增高,降低材料的抗剪切强度,减小接触面间的摩擦系数,可减小切削力。另外,加热切削能减小冲击振动,使切削过程平稳,从而提高了刀具的使用寿命。

总之,确定了材料的切削加工性能,对合理选择刀具材料、刀具几何参数、切削用量以及改善材料切削加工性提供了重要依据。

4.2.3　切削液的选用

在切削加工中,合理地选用切削液,可以减少切削变形以及刀具与工件之间的摩擦,有效地减少切削力、降低切削温度,从而延长刀具寿命、减少工件热变形和改善已加工表面质量,保证加工精度。因此,了解切削液的功用,合理地选用切削液对实际生产具有重要的意义。

一、切削液的作用

1.冷却作用

切削液浇注在切削区域内,利用热传导、对流和汽化等方式,降低切削温度和减小加工系统热变形。

2.润滑作用

切削液渗透到刀具、切屑与加工表面之间,减小了各接触面间摩擦,其中带油脂的极性分子吸附在刀具新鲜的前、后刀面上,形成了物理性吸附膜。若在切削液中添加了化学物质产生了化学反应后,形成了化学性吸附膜,该化学膜可在高温时减小接触面间摩擦,并减少黏结。上述吸附膜起到了减小刀具磨损和提高加工表面质量的作用。

3.排屑和洗涤作用

在磨削、钻削、深孔加工和自动化生产中利用浇注或高压喷射方法排除切屑或引导切屑流向,并冲洗散落在机床及工具上的细屑与磨粒。

4.防锈作用

切削液中加入防锈添加剂,使其与金属表面起化学反应形成保护膜,起到防锈、防蚀作用。

此外,切削液应具有抗泡沫性、抗霉变质性、无变质嗅味、排放时不污染环境、对人体无害和使用经济性等要求。

二、切削液种类及其应用

生产中常用的切削液有:以冷却为主的水溶性切削液和以润滑为主的油溶性切削液。

1.水溶性切削液

水溶性切削液主要分为:水溶液、乳化液和合成切削液。

1)水溶液

水溶液是以软水为主加入防锈剂、防霉剂,具有较好的冷却效果。有的水溶液加入油性添加剂、表面活性剂而呈透明性水溶液,以增强润滑性和清洗性。此外,若添加极压抗磨剂,可达到在高温、高压下增加润滑膜的强度。水溶液常用于粗加工和普通磨削加工中。

2)乳化液

乳化液是水和乳化油混合后再经搅拌,形成的乳白色液体。乳化油是一种油膏,它由矿物油、脂肪酸、皂和表面活性乳化剂(石油磺酸钠、磺化蓖麻油)配制而成。在表面活性剂的分子上带极性的一头与水亲和,不带极性的一头与油亲和,从而起到水油均匀混合作用,再

添加乳化稳定剂(乙醇、乙二醇等)防止乳化液中水、油分离。

乳化液的用途很广,能自行配制,含较少乳化油的称为低浓度乳化液,它主要起冷却作用,适用于粗加工和普通磨削;高浓度乳化液主要起润滑作用,适用于精加工和复杂刀具加工中。

3) 合成切削液

合成切削液是国内外推广使用的高性能切削液,它是由水、各种表面活性剂和化学添加剂组成,它具有良好的冷却、润滑、清洗和防锈作用,热稳定性好,使用周期长等特点。合成液中不含油,可节省能源,有利环保,在国内外使用率很高。例如:高速磨削合成切削液适用于磨削速度 80 m/s,用它能提高磨削用量和砂轮寿命;H_1L_2 不锈钢合成切削液适用对不锈钢(1Cr18Ni9Ti)和钛合金等难加工材料的钻孔、铣削和攻螺纹,它能减小切削力和提高刀具寿命,并可获得较小的加工表面粗糙度。

国产 Dx148 多效合成切削液、SLQ 水基透明切削磨削液用于深孔加工均有良好效果。

2. 油溶性切削液

油溶性切削液主要有:切削油和极压切削油。

1) 切削油

切削油中有矿物油、动植物油和复合油(矿物油和动植油的混合油),其中较普遍使用的是矿物油。

它们的特点是,热稳定性好、资源丰富、价格便宜,但润滑性较差,故主要用于切削速度较低的精加工、非铁材料加工和易切钢加工。机械油的润滑作用好,故在普通精车、螺纹精加工中使用甚广。

煤油的渗透作用和冲洗作用较突出,故在精加工铝合金、精刨铸铁平面和用高速钢铰刀铰孔中,能减小加工表面粗糙度和提高刀具寿命。

2) 极压切削油

极压切削油是在矿物油中添加氯、硫、磷等极压添加剂配制而成,它在高温高压下不破坏润滑膜并具有良好润滑效果,尤其在对难加工材料的切削中广为应用。

氯化切削油主要含氯化石蜡、氯化脂肪酸等,由它们形成的化合物,其熔点为 600 ℃,且摩擦系数小,润滑性能好,适用于切削合金钢、高锰钢、不锈钢和高温合金等难加工材料的车、铰、钻、拉、攻螺纹和齿轮加工。

硫化切削油是在矿物油中加入含硫添加剂(硫化鲸鱼油、硫化棉籽油等),硫质量分数为 10% ～15%。在切削时高温作用下形成硫化铁(FeS)化学膜,其熔点在 1 100℃以上,因此硫化切削油能耐高温。在硫化切削油中的精密切削润滑剂用于对 20 钢、45 钢、40Cr 钢和 20CrMnTi 等材料的钻、铰、铣、攻螺纹、拉和齿轮加工中,均能获得较为显著的使用效果。

含磷极压添加剂中有硫代磷酸锌和有机磷酸酯等,含磷润滑膜的耐磨性较含硫、氯的高。若将各种极压添加剂复合使用,则能获得更好使用效果。

三、切削液的应用方法

切削液的应用方法一般有三种:浇注法、高压法以及喷雾冷却。

1. 浇注法

将切削液以一定的流量直接浇注到切削区域,再依靠毛细管作用渗入接触界面。为了提高冷却润滑效果,切削液应有足够的流量。

在采用浇注法时,对单刃刀具只需一个切削液喷嘴(见图4-3);而对多刃刀具则最好布置几个喷嘴,并要注意使喷嘴的形状与刀具的形状相适应(见图4-4)。

浇注法的优点是简便易行,一般机床上都带有这种冷却系统,但冷却润滑效果较差,并且切削液的消耗量也较大。

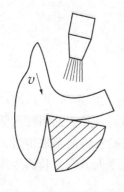
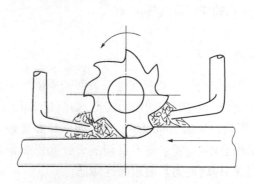

图4-3 车削时浇注切削液   图4-4 铣削时浇注切削液

2. 高压法(见图4-5)

采用喷射高压的切削液将碎断的切屑冲离切削区的方法。这种方法在深孔加工、车削难切削材料时经常使用。如图4-5所示,在车削中的应用,高压液流经小孔喷嘴沿后刀面喷射到刀具与工件接触区。此法冷却效果好,但切削液飞溅严重,并且喷嘴易堵塞。

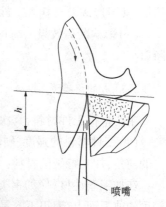

喷嘴

3. 喷雾冷却

根据喷雾原理,利用 $3 \sim 6 \ kgf/cm^2$ 压力压缩空气将切削液   图4-5 高压法
雾化后喷向切削区。切削液经雾化后,微小的液滴在高温的切削区很快被汽化,冷却效果显著;微小液滴渗入刀具与工件或切屑的接触界面迅速,润滑效果好;没有液体飞溅,便于观察切削情况;切削液的消耗量极少。此法特别适用于加工难切削材料,也适用于不便用浇注法冷却的场合(如加工铸铁件、用硬质合金刀具高速铣削、刀具刃磨等)以及多刃刀具的切削加工。

4.2.4 刀具几何参数的合理选择

车刀几何参数的合理选择,包括两方面的内容:一是合理选择刀具的几何角度——前角、后角、副后角、主偏角、副偏角和刃倾角等；二是合理选择车刀切削部分的其他几何要素——过渡刃、修光刃、负倒棱、前刀面型式及卷屑槽等。

合理选择刀具几何参数的目的，是要求在保证工件加工质量（如精度、粗糙度等）的前提下，提高切削用量；同时，减少车刀的磨损，提高车刀的耐用度，从而提高生产效率，节省车刀材料，实现优质、高产、低消耗的目的。因此，在选择车刀几何参数时，应根据工件材料、切削要求、刀具材料及加工条件等各方面因素，从刀具各个几何参数的内在联系中突出重点，进行综合考虑，采取多方面措施，力求使车刀既保持锋利，又不影响强固与耐磨性，亦即保证刀具在具有足够强固与耐磨性的基础上发挥锋利的最大优势。

一、前角的作用及选择

1. 前角的作用

（1）直接影响切削负荷和加工表面的质量　一般在加大前角时，可以减小切屑变形，减少切屑和前面的摩擦，使切削力降低，切削起来很轻快，且易获得表面粗糙度低的加工表面。

（2）影响刀具的强固和耐磨性　如果片面考虑刀具锋利，将前角取得过大，而刀具的其他角度又配合不当，就会使刀具切削刃处变得非常薄弱，严重影响刀具的强固。同时，切削温度会显著升高，使刀具的耐磨性降低。

尤其在粗加工时，前角如选取得过大，刀具切削刃处的弯曲应力相应增加，刀刃极易被撞坏，甚至造成刀具扎入工件表面（即"扎刀"）的严重后果。

（3）影响断屑效果　前角大时，切屑变形小，不利于断屑；前角小时，切屑变形大，有利于断屑。

2. 前角的选择原则

主要根据工件材料，其次考虑刀具材料和加工条件的选择。

（1）工件材料的强度、硬度低，塑性好，应取较大的前角；加工脆性材料（如铸铁）应取较小的前角；加工特硬的材料（如淬硬钢、冷硬铸铁等），应取很小的前角，甚至是负前角。

在加工塑性材料（如钢类等）时，由于这类材料的切屑呈带状，切削力集中在离主切削刃较远的前刀面上，刀刃不容易撞坏。同时，塑性材料的切屑变形大，所以应选择较大的前角，以减少切屑变形，改善切削情况。加工钢件的硬质合金刀具前角一般取 $12° \sim 30°$。

工件材料的软和硬是选择前角的一个重要因素。如使用硬质合金车刀加工一般碳钢类工件时，前角取 $12° \sim 30°$；加工铝类工件时，前角取 $25° \sim 35°$；加工橡胶类工件时，前角取 $40° \sim 55°$。这时切削力较小，车削起来较轻快，且能降低工件表面粗糙度。

但在加工较硬工件时，因为切削阻力大，则应取较小前角，以保证刀具强固，增加刀具耐用度。如加工铬锰钢工件时，通常将车刀的前角磨成 $-5°$；又如车削淬硬钢件时，车刀的主副前角都磨成负值，这样既能"切"入工件，又能保护刀刃，不致损坏车刀。

（2）刀具材料的抗弯强度及韧性高，可取较大的前角。

（3）断续切削或粗加工有硬皮的锻、铸件应取较小的前角。

（4）工艺系统刚度差或机床功率不足时应取较大的前角。

（5）粗加工时应取较小前角,精加工时一般应取较大前角。

硬质合金车刀合理前角的参考值见表4－5。

表4－5　硬质合金车刀合理前角参考值

工件材料	合理前角	
	粗　车	精　车
低碳钢	20°～25°	25°～30°
中碳钢	10°～15°	15°～20°
合金钢	10°～15°	15°～20°
淬火钢	－15°～－5°	
不锈钢(奥氏体)	15°～20°	20°～25°
灰铸铁	10°～15°	5°～10°
铜及铜合金	10°～15°	5°～10°
铝及铝合金	30°～35°	35°～40°

3.前刀面形式及其选择

1)正前角平面型(图4－6(a))

这是前刀面的基本形式。其特点是结构简单、切削刃锋利,但刃口强度低、传热能力差。适用于切削脆性材料刀具、精加工刀具、成形刀具或多刃刀具。

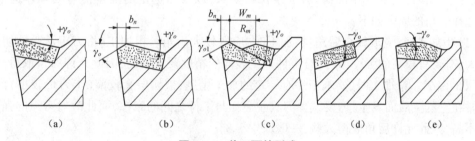

图4－6　前刀面的形式

2)正前角平面带倒棱型(图4－6(b))

这种形式是沿主切削刃磨出很窄的棱边,称为负倒棱。负倒棱可提高刀具刃口强度,改善散热条件,增加刀具寿命。通常负倒棱很小,不会影响正前角的切削作用。这种形式多用于粗加工铸锻件或断续切削。

3)正前角曲面带倒棱型(图4－6(c))

这种形式是在正前角平面带倒棱型的基础上再磨制出断屑槽而形成的。它有利于切屑的卷曲和折断。多用于粗加工和半精加工。

4)负前角单面型(图4－6(d))和负前角双面型(图4－6(e))

这种形式多用于硬质合金刀具切削高强度、高硬度材料。采用负前角是为使脆性较大的硬质合金刀片更好地承受压应力,因为硬质合金的抗压强度比抗弯强度高3～4倍,切削刃不易因受压而损坏。负前角单面型适用于刀具磨损主要发生在后刀面的刀具,负前角双面型适用于前、后刀面同时磨损的刀具。

二、后角的作用及选择

1.后角的作用

（1）减少刀具后面与加工表面之间的摩擦,提高工件的表面加工质量。在切削过程中工件的加工表面形成一层弹性恢复层,如后角选大,能减少刀具后面与工件弹性恢复层的接触,从而减小两者之间的摩擦与挤压作用,降低加工硬化程度,有利于提高表面加工质量。

（2）后角可以配合前角调整刀具的锋利与强固的程度。当刀具因考虑耐磨性而将前角取小时,可采用增大后角的方法,使楔角相应减小,从而保证刃口圆弧半径尽可能小,即刃口比较"锋利",则刀具仍可保持一定的锋利程度。如小前角精车刀,后角取 8°~12°;淬硬钢车刀的后角取 10°~15°,它们都能达到比较锋利的切削要求。

当刀具因考虑锋利而将前角取大时,可配之以比较小的后角,使楔角相应增大,则刀具仍可保持必要的强固基础。

（3）后角大小会影响车刀耐用度。当后角过分增大时,因楔角显著减小,使刀具强固大大削弱,容易敲坏刀刃;同时因切削刃处的散热情况变差,磨损反而加剧。反之,若后角选得过小,因刀具后面与加工表面之间的摩擦增加,刀具耐用度亦会降低。

2.后角的选择原则

选择后角时,应以工件材料、加工条件与要求,以及已选定的前角值等因素作为依据。通常选择后角的原则如下:

（1）粗加工时,应取较小后角;精加工时,应取较大后角。粗加工时,刀刃承受的切削负荷较大,需要有较高的强度,且此时工件加工表面的精度要求不高,因此允许后角取得小些,一般取 3°~6°。精加工时,要求工件有一定的加工精度,被切层又较薄(走刀量较小),刀具磨损常在它的主后面发生,需要减少刀具主后面与工件之间的摩擦,而此时对刀刃的强度要求并不高,因此允许后角取得大些,一般取 4°~8°。

（2）工件或刀具的刚性较差,应取较小的后角。减小刀具后角可以增大刀具主后面和工件之间的接触面积,有利于减少工件或刀具振动,所以在工件或刀具刚性较差的情况下,常用减小后角的方法来达到减少振动的目的。例如在车削细长轴及较长的梯形内螺纹时常会发生振动,采用减小后角的方法(车削梯形内螺纹时,应考虑螺纹升角因素),能有效地减少振动,提高产品质量。

（3）工件材料较硬,后角取小值;工件材料较软,则后角取大值。工件材料的硬和软也是选择后角的重要依据。一般来说,工件材料较硬,应采用较小的后角,以增加车刀强固,工件材料较软,应采用较大的后角,以减少刀具主后面与工件之间的摩擦。但在加工高强度、高硬度的材料如淬硬钢类工件时,常采用负前角。这时刀具已有一定的强固基础,为了使它易于"切"入工件,减少主后面和工件的摩擦,提高耐用度,也需把后角取得大一些。

（4）在强力车削时,应选较小的后角。强力车削是硬质合金车刀的特长,是提高生产率的有效措施,在强力车削时,为了增加车刀的强固,应选取较小后角。

硬质合金车刀合理后角参考值见表 4-6。

表4-6　硬质合金车刀合理后角参考值

工件材料	合理后角	
	粗车	精车
低碳钢	8°~10°	10°~12°
中碳钢	5°~7°	6°~8°
合金钢	5°~7°	6°~8°
淬火钢	8°~10°	
不锈钢(奥氏体)	6°~8°	8°~10°
灰铸铁	4°~6°	6°~8°
铜及铜合金(脆)	6°~8°	6°~8°
铝及铝合金	8°~10°	10°~12°

3.副后角的选择

车刀副后角的选取数值一般与后角相同。当因刀头尺寸受限制而影响强度或为了减少切削振动时,副后角应取得比后角小,通常取1°~2°。

三、主偏角的作用及选择

1.主偏角的作用

1)影响刀具耐用度和刀头强固

当刀具的走刀量和切削深度相同时,减小主偏角可使主切削刃参加切削的长度增加,切屑变薄、变宽,主切削刃上单位长度的负荷减轻;而且因刀尖角增大,增加了刀具的强固,散热面积也加大,散热条件得到改善,有利于提高车刀的耐用度。

2)影响断屑效果

当增大主偏角时,切屑变得窄而厚,有利于获得良好的断屑效果。相反,当减小主偏角时,因切屑变得薄而宽和排屑方向的改变,则切屑易卷而不易断。

3)影响切削力的分配

主偏角的大小直接影响切削力的分配。当主偏角选取小值时,将使车削时的径向分力(即“顶工件的力”)显著增大。在一般车削中,工件容易产生振动,甚至会敲坏车刀,这是限制主偏角选小的一个重要原因。

2.主偏角的选择原则

选择主偏角主要根据以下几点原则:

(1)工件、刀具、夹具和机床的刚性较差,主偏角选较大值;工件、刀具、夹具和机床的刚性较好,主偏角选较小值。

(2)工件材料越硬,主偏角相应取得小一些。加工一般材料,主偏角可在45°~90°选取。当加工高强度、高硬度的材料时,应选取较小主偏角,以加大刀尖角,增加车刀的强固和改善散热条件,并使单位切削刃上负荷减轻。以车削冷硬铸铁为例,在工件、车刀、夹具和机床等刚性允许的前提下,主偏角可选取15°左右。

（3）在切削过程中,刀具需作中间切入时,应取较大的主偏角。

（4）主偏角的大小还应与工件的形状相适应。如车阶梯轴可取 $\kappa_r = 90°$,车削细长轴时,为了减少背向力,可取 $\kappa_r = 90° \sim 93°$。

四、副偏角的作用及选择

1. 副偏角的作用

副偏角的作用主要是减少副切削刃与工件已加工表面之间的摩擦。在副偏角小的情况下,可以显著地减少车削后的残留面积（见图4-7）,降低工件的表面粗糙度。但是减小副偏角会增加切削面积,容易引起振动,所以只有当工件、刀具、夹具和机床有足够的刚性时,才能取较小的副偏角。

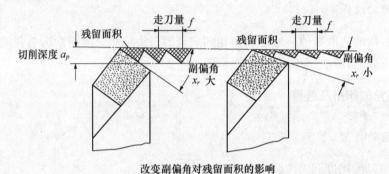

改变副偏角对残留面积的影响

图4-7　副偏角对残留面积的影响

2. 副偏角选择原则

（1）精加工刀具的副偏角应取偏小值,并可以磨出修光刃,以降低加工表面的粗糙度;当加工高强度、高硬度材料及采用断续切削时,可选取中间值;切断车刀为保证刀头强度,应取偏小值;当工件、刀具、夹具和机床系统的刚性较差时,则应选取偏大值。

（2）当加工中间切入的工件时,副偏角和主偏角一样。

主偏角和副偏角选用参考值见表4-7。

表4-7　主偏角和副偏角选用参考值

加工条件	工艺系统刚度足够	工艺系统刚度较好,可中间切入,加工外圆及端面	工艺系统刚度较差,粗加工、强力切削时	工艺系统刚度较差,车台阶轴,细长轴、薄壁件	切断或切槽
主偏角	10° ~ 30°	45°	60° ~ 75°	75° ~ 93°	≥90°
副偏角	5° ~ 10°	45°	10° ~ 15°	5° ~ 10°	1° ~ 2°

五、刃倾角的作用及选择

1. 刃倾角的作用

（1）控制切屑流向　刃倾角影响切屑流出方向，$-\lambda_s$ 角使切屑偏向已加工表面，$+\lambda_s$ 使切屑偏向待加工表面（图4-8）。

（2）保护切削刃、刀尖（图4-9）　单刃刀具采用较大的 $-\lambda_s$，可使远离刀尖的切削刃处先接触工件，使刀尖避免受冲击。对于回转的多刃刀具（如圆柱铣刀等），螺旋角就是刃倾角，此角可使切削刃逐渐切入和切出，可使铣削过程平稳。

（3）影响切削分力的大小　刃倾角取负值时，虽使刀头体积增大，散热条件改善，刀头强度提高，但使背向力增大，将导致工件变形及引起切削过程中的振动。

（4）影响切削刃锋利程度　当 λ_s 不为零进行切削时，由于切屑在前刀面上流向的改变，使实际工作前角增大，见表4-8。同时，使切削刃的实际刃口钝圆半径减小，如图4-10所示，切削刃锋利。如采用大刃倾角（$\lambda_s = 45° \sim 75°$）的精车、精刨刀可切下极薄的切屑实现微量切削。

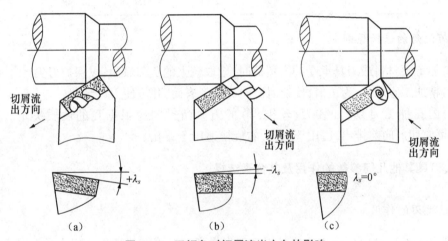

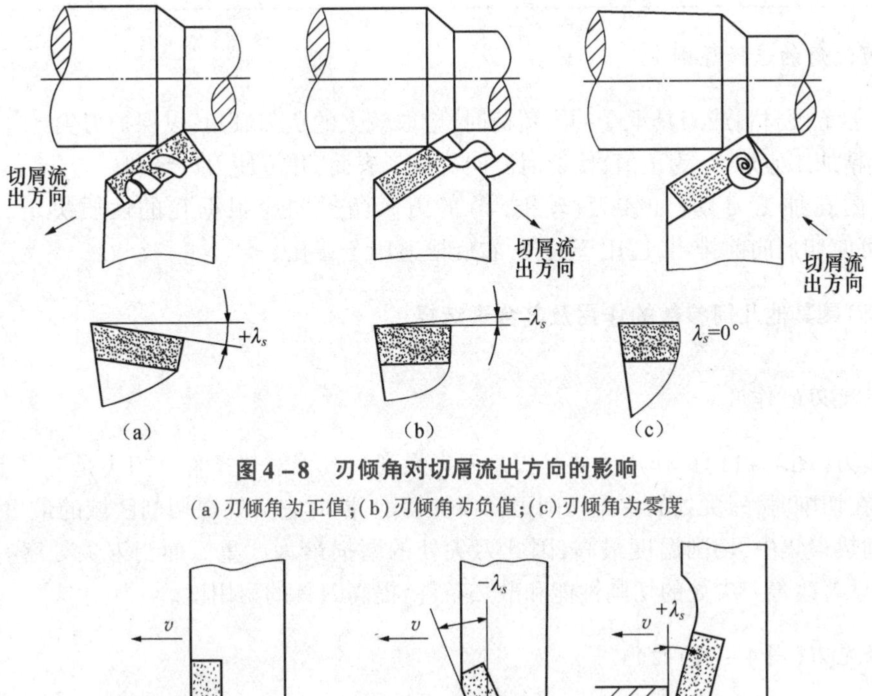

图4-8　刃倾角对切屑流出方向的影响

(a) 刃倾角为正值；(b) 刃倾角为负值；(c) 刃倾角为零度

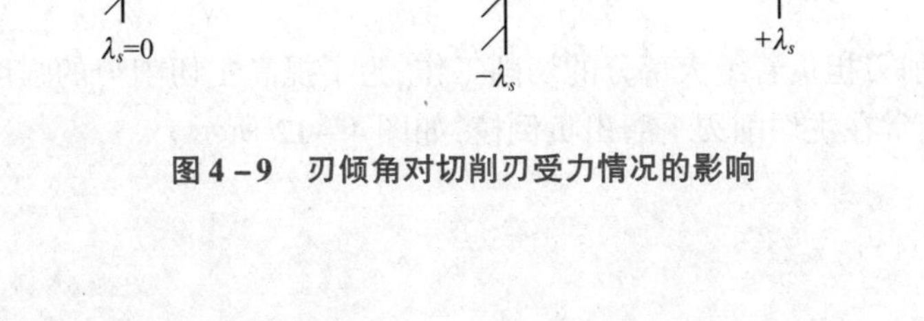

图4-9　刃倾角对切削刃受力情况的影响

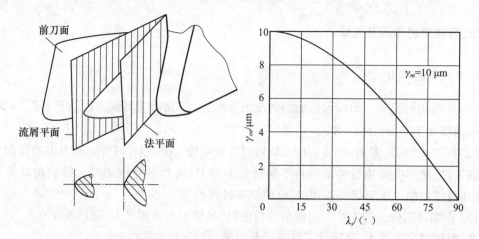

图 4 – 10　刃倾角与实际切削刃钝圆半径的关系

表 4 – 8　刃倾角对实际工作前角的影响（$\gamma_o = 10°$）

刃倾角 λ_s	0°	15°	30°	45°	60°	75°
实际工作前角 γ_{oe}	10°	13°14′	22°21′	35°56′	52°30′	70°51′

2. 刃倾角的选择原则

（1）加工硬材料或刀具承受冲击负荷时，应取较大的负刃倾角，以保护刀尖。

（2）精加工宜取 λ_s 为正值，使切屑流向待加工表面，并可使刃口锋利。

（3）内孔加工刀具（如铰刀、丝锥等）的刃倾角方向应根据孔的性质决定。左旋槽（$-\lambda_s$）可使切屑向前排出，适用于通孔，右旋槽适用于盲孔。

六、刀具其他几何参数的作用及其合理选择

1. 过渡刃的作用

过渡刃（图 4 – 11）的作用主要是提高刀尖强度和改善散热条件。刀尖是刀具上的最薄弱部位；在切削时，刀尖处的主副切削刃都参加切削，同时它又处在切削区域的最里面，切削力和切削热最集中，切削温度最高，因此刀尖处的磨损最为严重。而当刀尖处磨有过渡刃后，就能显著改善刀尖处的切削性能和散热条件，提高刀具的耐用度。

2. 修光刃（图 4 – 11）的作用

能减少车削后的残留面积，降低工件表面粗糙度。

3. 负倒棱的作用

刀具的主切削刃担负着绝大部分的切削工作，为了提高主切削刃的强度，改善它的受力和散热情况，我们常在主切削刃上磨出负倒棱，如图 4 – 12 所示。

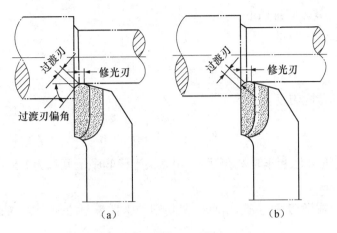

图 4 – 11　过渡刃 (及修光刃)

(a) 直线形过渡刃 ; (b) 圆弧形过渡刃

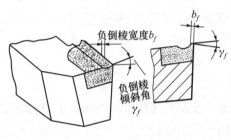

图 4 – 12　负倒棱

4.2.5　切削用量的合理选择

切削用量的重要性,它不仅和刀具几何参数一样,对切削力、切削热、积屑瘤、工件精度和粗糙度有很大影响,而且还直接关系到充分发挥刀具、机床的潜力和生产效率的提高。因此在加工前一定要合理选择切削用量。

切削用量的合理选择,就是要在已经选择好刀具的基础上,确定背吃刀量 a_p,进给量 f,和切削速度 v_c。

处理好效率与精度的关系是选择切削用量的关键所在。切削用量总的选择原则是:粗加工以效率为主,精加工以精度为主。根据切削用量与刀具耐用度的关系,一般选择顺序为:先选择背吃刀量 a_p,再选择进给量 f,最后选择切削速度 v_c。必要时需校验机床功率是否允许。

一、背吃刀量的选择

背吃刀量应根据工件的加工余量、机床、工件和刀具的刚度来确定。

(1)在刚度允许的条件下,除留给下道工序的余量外,其余的材料尽可能一刀切除,这样可以减少走刀次数,提高生产效率,当余量太大或工艺系统刚性较差时,所有余量(A)分两

次（或多次）切除。具体安排如下：

第一次进给的背吃刀量：

$$a_{p_1} = \left(\frac{2}{3} \sim \frac{3}{4}\right)A$$

第二次进给的背吃刀量：

$$a_{p_2} = \left(\frac{1}{4} \sim \frac{1}{3}\right)A$$

在中等功率的机床上，粗车时 a_p 可达 5～10 mm；半精车时，a_p 可取为 1.5～5 mm；精车时，a_p 可取为 0.05～1 mm。

（2）切深 a_p 小或微切时，会造成刮擦、只切削到工件表面的硬化层，缩短刀具寿命。对于可转位刀片一般推荐 a_p 不大于 $\frac{1}{3}r_\varepsilon$。

（3）切削零件表层有硬皮的铸、锻件或不锈钢等冷硬较严重的材料时，应在机床功率允许范围内，使切削深度超过硬皮或冷硬层，以避免使切削刃在硬皮或冷硬层上切削。否则刀刃尖端只切削工件表皮硬质层及杂物，刀尖易损或产生异常磨损。

二、进给量的选择

切削深度选定以后，应进一步尽量选择较大的进给 f，其合理数值应当保证机床、刀具不致因切削力太大而损坏，切削力所造成的工件挠度不致超出工件精度允许的数值，表面粗糙度参数值不致太大。

粗加工：粗加工进给量一般多根据经验按一定表格选取。对于可转位刀具一般推荐进给不大于刀尖半径的一半 $\left(\frac{1}{2}r_\varepsilon\right)$。

精加工：精加工的进给量主要根据表面粗糙度要求选择。下表所列为根据表面粗糙度要求及刀具的刀尖圆弧半径 r_ε 由表查得对应的进给量值。

另外，在切断、加工深孔或用高速钢刀具加工时，宜选择较低的进给速度。当加工精度、表面粗糙度要求高时，进给速度应选小些。

三、切削速度的选择

切削速度应根据加工性质和刀具材料、刀具耐用度进行选择，通常的原则是：

（1）刀具材料的耐热性好，切削速度可高些；

（2）加工带外皮的工件时，应适当降低切削速度；

（3）要求得到较低的表面粗糙度时，切削速度应避开积屑瘤的生成速度范围；对硬质合金刀具，可取较高的切削速度；对高速钢刀具宜采用低速切削；

（4）断续切削时，应取较低的切削速度；

（5）工艺系统刚性较差时，切削速度应适当减小；

关于切削速度有一个很好的规律值得牢记：通常在高速加工的条件下，切削刀具将会很快被磨损。而硬质合金刀具在较低的切削速度下很快就会磨损和崩断。当钢铁切屑变为蓝色时,表明切削速度过高或者刀具太钝而导致被加工工件温度过高。虽然在使用硬质合金刀具进行机械加工时切屑变蓝可以接受,但在使用高速钢刀具进行加工时则绝对不容许出现这种现象。因为,在使用高速钢刀具进行机械加工时,特别是在使用切削液的条件下,切屑是不应该变色的。

生产中随着数控机床和加工中心的使用,促进了高性能刀具材料和数控刀具的新发展,并为实现高速切削、大进给切削提供了有利条件,使生产效率、加工质量和经济效益得到进一步提高。因此,刀具耐用度规定也较低,所以对于切削用量选择的原则有了改变:由原来的先选背吃刀量、再选进给量、最后选择切削速度,而改变为首选高的切削速度及进给量,然后选用较小背吃刀量。

总之,切削用量的具体数值应根据加工要求、机床性能、相关的手册并结合实际经验用类比方法确定。同时,使切削速度、背吃刀量及进给量三者能相互配合,以形成最佳切削用量。

4.3　任务实施

4.3.1　刀具几何参数的合理选择

经过前面各节内容的学习,现在可以完成任务引入的问题了。

一、刀具材料的选择

已知所要加工的材料为热轧 45 钢,选用 YT 类硬质合金,粗车或半精车时刀具所受的切削力比较大,要求刀具材料有比较高的强度和韧性,所以选含钴量比较大的牌号的硬质合金 YT15。

二、刀具几何参数的选择

粗车时可以选择 75°外圆车刀(如图 4 – 13 所示) ,因为其可以用于强力切削,加工余量大的热轧和锻钢件。强力切削是一种通用于粗、半精加工的高效率切削方法,在中等以上刚性的机床上进行。加工时选用较大的背吃刀量 a_p 和进给量 f ,略低的 $v_c(v_c < 100 \text{ m/min})$,达到切除率高、刀具耐用度的目的。强力切削时,由于 a_p、f 较大,所以切削力大,易产生振动,切屑不易断,且易引起表面粗糙。75°强力车刀在几何参数的选择上,充分考虑了强力车削的特点,适应了机床、工件的要求,并满足加工需要,体现出一定的先进性。

(1)增加刃口锋利。选择较大的前角使刀刃锋利,同时减小切削中变形,使切削力减小,降低了功率消耗。而较大的 κ_r 使径向力减小,避免引起振动,为使用大前角刀具提供了条件。

（2）提高刀具强度。在刃口磨出负倒棱，以改善因前角增大而引起的刃口强度不足问题。同时，取较小的后角，负的刃倾角增加刀头强度，改善散热条件，提高刀具耐用度。

（3）提高表面质量。大的 κ_r 避免振动，使切削过程稳定；外斜式断屑槽有良好的断屑效果，不憋屑，不缠绕工件；小的 κ_r' 及一定长度的修光刃在提高刀头强度的同时，还改善了由于大 f 而带来的表面粗糙，确保了良好的表面质量。

75°强力车刀合理选择了几何参数，使刀具具有"锐字当先，锐中求固"之特点，很好地发挥出刀具的切削能力。

半精车时刀具几何参数的选择就不再赘述，表 4 - 9 所示为刀具几何角度。

表 4 - 9　粗车和半精车刀具几何角度

工序	前角 γ_o	后角 α_o	副后角 α'_o	主偏角 κ_r	副偏角 κ'_r	刃倾角 λ_s	刀尖圆弧半径 r_ε/mm
粗车	15°	6°	6°	75°	15°	-6°	0.75
半精车	15°	8°	8°	90°	10°	4°	0.5

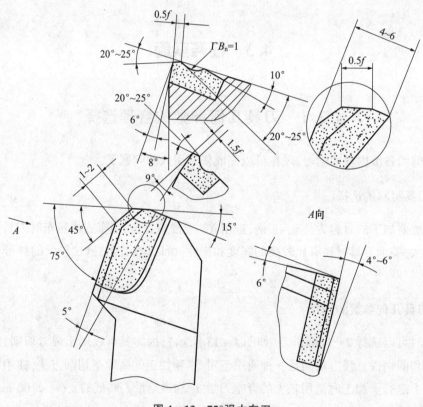

图 4 - 13　75°强力车刀

4.3.2　切削用量的合理选择

图 4 - 1 节热轧 45 钢圆棒表面粗糙度及尺寸精度有一定要求，故分为粗车及半精车两

道工序。

一、粗车

(1)选择背吃刀量。根据已知条件,单边余量 $Z = 3$ mm,故取 $a_p = 3$ mm。

(2)选择进给量。查表4-10知,$f = 0.6$ mm/r。

(3)选择切削速度。工件材料为热轧45钢,由表4-12知,当 $a_p = 3$ mm,$f = 0.6$ mm/r,$v_c = 100$ m/min,可保证 $T = 60$ min。

(4)确认机床主轴转速 n_s。

$$n_s = \frac{1\ 000v}{\pi d_w} = \frac{1\ 000 \times 100}{3.14 \times 60} = 530.8\,(\text{r/min})$$

从机床主轴箱标牌上查得,实际主轴转速为450 r/min,故实际切削速度为

$$v = \pi d_w n_实/1\ 000 = 3.14 \times 60 \times 450/1\ 000 = 85\,(\text{m/min})$$

(5)校验机床功率。利用单位切削力方法求解主切削力,近似校验机床功率。查相关表格得单位切削力 $k_c = 1\ 962$ N/mm²。

切削功率

$$P_c = F_c v_c/60\ 000 = k_c a_p f v_c/60\ 000 = 1\ 962 \times 3 \times 0.6 \times 85/60\ 000 = 5\,(\text{kW})$$

由机床说明书知,CA6140机床主电动机功率为7.5 kW,取机床功率 $\eta = 0.8$,则 $P_c/\eta = 5/0.8 = 6.25\,(\text{kW}) < P_E$,机床功率够用。

表4-10 硬质合金车刀粗车外圆时进给量的参考数值

车刀刀杆尺寸 $B \times H$/mm × mm	工件直径 d_w/mm	背吃刀量 a_p/mm				
		3	5	8	12	12以上
		进给量 f/(mm·r⁻¹)				
16×25	20	0.3~0.4	—	—	—	—
	40	0.4~0.5	0.3~0.4	—	—	—
	60	0.5~0.7	0.4~0.6	0.3~0.5	—	—
	100	0.6~0.9	0.5~0.7	0.5~0.6	0.4~0.5	—
	400	0.8~1.2	0.7~1.0	0.6~0.8	0.5~0.6	—
20×30 25×25	20	0.3~0.4	—	—	—	—
	40	0.4~0.5	0.2~0.4	—	—	—
	60	0.6~0.7	0.5~0.7	0.4~0.6	—	—
	100	0.8~1.0	0.7~0.9	0.5~0.7	0.4~0.7	—
	600	1.2~1.4	1.0~1.2	0.8~1.0	0.6~0.9	0.4~0.6
52×50	60	0.6~0.9	0.5~0.8	0.4~0.7	—	—
	100	0.8~1.2	0.7~1.1	0.6~0.9	0.5~0.8	—
	1 000	1.2~1.5	1.1~1.5	0.9~1.2	0.8~1.0	0.7~0.8
30×45	500	1.1~1.4	1.1~1.4	1.0~1.2	0.8~1.2	0.7~1.1

表 4 - 11　高速车削时按表面粗糙度选择进给量的参考数值

刀具	表面粗糙度 $Ra/\mu m$	工件材料	κ'_r	切削速度范围 $v/(m \cdot min^{-1})$	刀尖圆弧半径 r_a/mm		
					0.5	1.0	2.0
					进给量 $f/(mm \cdot r^{-1})$		
$\kappa'_r > 0°$ 的车刀	12.5	中碳钢、灰铸铁	5°	不限制	—	1.00~1.10	1.30~1.50
			10°		—	0.80~0.90	1.00~1.10
			15°			0.70~0.80	0.90~1.00
	6.3	中碳钢、灰铸铁	5°	不限制	—	0.55~0.70	0.70~0.85
			10~15°			0.45~0.60	0.60~0.70
	3.2	中碳钢	5°	<50	0.22~0.30	0.25~0.35	0.30~0.45
				50~100	0.23~0.35	0.35~0.40	0.40~0.55
				>100	0.35~0.40	0.40~0.50	0.50~0.60
			10~15°	<50	0.18~0.25	0.25~0.30	0.30~0.45
				50~100	0.25~0.30	0.30~0.35	0.35~0.55
				>100	0.30~0.35	0.35~0.40	0.50~0.55
		灰铸铁	5°	限制	—	0.30~0.50	0.45~0.65
			10~15°			0.25~0.40	0.50~0.55
	1.6	中碳钢	≥5°	30~50		0.11~0.15	0.14~0.22
				50~80	—	0.14~0.20	0.17~0.25
				80~100		0.16~0.25	0.25~0.35
				100~130		0.20~0.30	0.25~0.39
				>130	—	0.25~0.30	0.25~0.39
		灰铸铁	≥5°	不限制	—	0.15~0.25	0.20~0.35
	0.8	中碳钢	≥5°	100~110		0.12~0.18	0.14~0.17
				110~130	—	0.13~0.18	0.17~0.23
				>130		0.17~0.20	0.21~0.27
$\kappa'_r = 0°$ 的车刀	12.5、6.3	中碳钢、灰铸铁	0°	不限制	5.0 以下		
	3.2	中碳钢	0°	≥50	5.0 以下		
		灰铸铁		不限制			
	1.6、0.8	中碳钢	0°	≥100	4.0~5.0		
	1.6	灰铸铁	0°	不限制	5.0		

表 4 – 12 硬质合金外圆车刀切削速度的参考数值

工件材料	热处理状态	$a_p = 0.3 \sim 2\,(mm)$ $f = 0.08 \sim 0.3\,(mm/r)$ $v/(m \cdot min^{-1})$	$a_p = 2 \sim 6\,(mm)$ $f = 0.3 \sim 0.6\,(mm/r)$ $v/(m \cdot min^{-1})$	$a_p = 6 \sim 10\,(mm)$ $f = 0.6 \sim 1\,(mm/r)$ $v/(m \cdot min^{-1})$
低碳钢易切钢	热轧	$140 \sim 180$	$100 \sim 120$	$70 \sim 90$
中碳钢	热轧	$130 \sim 160$	$90 \sim 110$	$60 \sim 80$
	调质	$100 \sim 130$	$70 \sim 90$	$50 \sim 70$
合金结构钢	热轧	$100 \sim 130$	$70 \sim 90$	$50 \sim 70$
	调质	$80 \sim 110$	$50 \sim 70$	$40 \sim 60$
工具钢	退火	$90 \sim 120$	$60 \sim 80$	$50 \sim 70$
灰铸铁	HBS < 190	$90 \sim 120$	$60 \sim 80$	$50 \sim 70$
	HBS = 190 ~ 225	$80 \sim 110$	$50 \sim 70$	$40 \sim 60$
高锰钢(13% Mn)	—	—	$10 \sim 20$	—
铜及铜合金	—	$200 \sim 250$	$120 \sim 180$	$90 \sim 120$
铝及铝合金	—	$300 \sim 600$	$200 \sim 400$	$150 \sim 200$
铸铝合金(13% Si)	—	$100 \sim 180$	$80 \sim 150$	$60 \sim 100$
注:切削钢及灰铸铁时刀具耐用度约为 60 min。				

二、半精车

(1)选择背吃刀量　根据已知条件,单边余量 $Z = 3$ mm,故取 $a_p = 3$ mm。

(2)选择进给量　查表 4 – 11 知,当 $R_a 3.2$ μm;$\kappa'_r = 10°$、$v_c = 100$ m/min,$r_\varepsilon = 0.5$ mm,$f = 0.3 \sim 0.35$ mm/r,取 $f = 0.31$ mm/r。

(3)选择切削速度　由表 4 – 12 知,当 $a_p = 0.5$ mm,$f = 0.31$ mm/r 时,$v_c = 130 \sim 160$ m/min,$v_c = 150$ m/min。

(4)确认机床主轴转速 n_s

$$n_s = \frac{1\,000v}{\pi d_w} = \frac{1\,000 \times 150}{3.14 \times 54} = 885\,(r/min)$$

从机床主轴箱标牌上查得,实际主轴转速为 710 r/min,故实际切削速度

$$v = \pi d_w n_实/1\,000 = 3.14 \times 54 \times 710/1\,000 = 120\,(m/min)$$

至此,任务完成。

企业点评:中国第二重型机械集团工艺处杨松凡高级工程师:在生产中刀具材料、几何参数、切削用量、切削液的合理选择,对提高生产质量和效益直接相关。要根据实际加工的工况要求进行优化选择。可以总结和借鉴以往的经验,但在有些情况下,还要经过多次的实践,不断优化,找到最优参数。

复习思考题

1. 刀具材料应该具备哪些性能? 其硬度、耐磨性、强度之间有什么联系?

2. 常用的刀具材料有哪几种？高速钢和硬质合金的切削性能有哪些区别？

3. 试述常用硬质合金的性能特点和使用范围。

4. 粗、精加工钢件和铸铁件时，应选用什么牌号的硬质合金？

5. 陶瓷刀具、金刚石与立方氮化硼有何特点？常应用于哪些场合？

6. 粗车下列工件材料外圆时，可选择什么刀具材料？

(1)45 钢；(2)灰铸铁；(3)黄铜；(4)铸铝；(5)不锈钢；(6)钛合金；(7)高锰钢；(8)高温合金。

7. 什么是工件材料的切削加工性？如何改善工件材料的切削加工性？

8. 工件材料的切削加工性为什么是相对的？生产中常用什么指标来衡量工件材料的切削加工性？怎样评价工件材料的切削加工性？

9. 切削液有哪些作用？分为哪几类？加工中如何选用？

10. 刀具几何参数包含哪些内容？

11. 试述刀具的前角、后角的功用和选择方法。

12. 试述刀具的主偏角、副偏角的功用和选择方法。

13. 试述刀具的刃倾角的功用和选择方法。

14. 说出下列情况下刀具几何参数应具有的特点有哪些？

(1)锐中求固；(2)散热条件良好；(3)系统刚性不足；(4)抗冲击；(5)精加工；(6)加工高硬高强度材料。

15. 什么是合理的切削用量？生产中常用什么方法确定切削用量？

16. 试述粗加工时切削用量的选择顺序及方法。

17. 试述精加工时切削用量的选择方法。

18. 如果选定切削用量后，发现超过机床功率时，应如何解决？

教学单元5　车刀及其选用

5.1　任务引入

如图5-1所示的阶梯轴,请分析一下若想完成该轴的加工,需要用到哪种车刀?车刀的几何参数该如何选择?

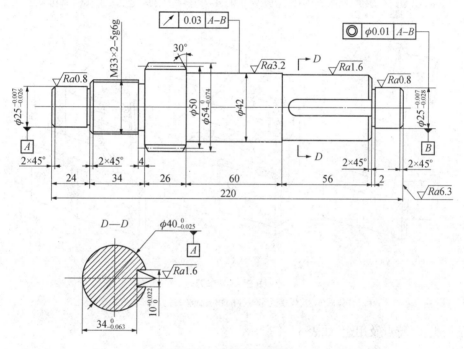

图5-1　阶梯轴(45钢)

5.2　相关知识

车刀是金属切削加工中应用最广的一种刀具,也是研究铣刀、钻头等其他切削刀具的基础。车刀结构简单,用于各种车床上,可加工外圆、内孔、端面、螺纹以及其他成形回转表面,也用于切槽和切断。

车刀的种类很多,按用途可分为外圆车刀、端面车刀、切断刀、螺纹车刀和内孔车刀等,如图5-2所示;按结构又分为整体式、焊接式、机夹式、可转位式和成形车刀等,如图5-3所示。

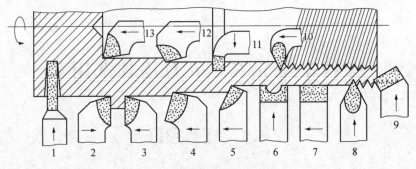

图 5-2　各种焊接式车刀

1—切断刀；2—90°左偏刀；3—90°右偏刀；4—弯头车刀；5—直头车刀；6—成形车刀；7—宽刃精车刀；
8—外螺纹车刀；9—端面车刀；10—内螺纹车刀；11—内槽车刀；12—通孔车刀；13—盲孔车刀

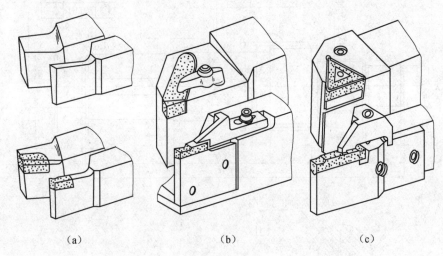

图 5-3　车刀

(a)整体式车刀、焊接式车刀；(b)机夹式车刀；(c)可转位式车刀

车刀结构类型、特点及用途，如表 5-1 所示。

表 5-1　车刀结构类型、特点及用途

名　称	特　点	适 用 场 合
整体式	用整体高速钢制造，刃口可磨得较锋利	小型车床或加工有色金属
焊接式	焊接硬质合金或高速钢刀片，结构紧凑，使用灵活	各类车刀，特别是小刀具
机夹式	避免了焊接产生的应力、裂纹等缺陷，刀杆利用率高，刀片可集中刃磨获得所需参数，使用灵活方便	外圆、端面、镗孔、切断螺纹车刀等
可转位式	避免了焊接刀的缺点，刀片可快换转位，生产效率高，断屑稳定。可使用涂层刀片	大中型车床加工外圆、端面、镗孔。特别适于自动线、数控机床

　　整体式车刀一般用高速钢制造，俗称"白钢刀"，形状为长条形，截面为正方形或矩形，使用时可根据需要将切削部分刃磨成各种角度和形状。

5.2.1　焊接式车刀

焊接式车刀是由一定形状的刀片和刀杆通过钎焊连接而成。一般刀片选用硬质合金，刀杆用碳素结构钢(45 钢)制作。

硬质合金焊接车刀优点是结构简单，制造方便，可以根据需要进行刃磨，使用灵活，刀具刚性好，硬质合金利用较充分，故使用较为广泛。

硬质合金焊接车刀的主要缺点是，其切削性能主要取决于工人刃磨的技术水平，与现代化生产不相适应。此外，刀杆不能重复使用，当刀片磨完或崩坏后，刀杆也随之报废，成浪费。在制造工艺上，由于硬质合金刀片和刀杆材料的线膨胀系数不同，焊接时易产生热应力，当焊接工艺不合理时易导致硬质合金产生裂纹。另外，还可能出现刃磨热应力和裂纹等。

焊接车刀的质量取决于刀片的选择、刀杆和刀槽的形状和尺寸、焊接工艺和刃磨质量等。

一、硬质合金焊接刀片的选择

硬质合金刀片除正确选择材料的牌号以外，还应合理选择刀片的型号。我国目前采用的硬质合金焊接刀片分为 A、B、C、D、E 五类，刀片型号由一个字母和一个或两个数字组成。字母表示刀片形状，后面的数字表示刀片的主要尺寸。

常用硬质合金刀片型号如图 5－4 所示和见表 5－2。

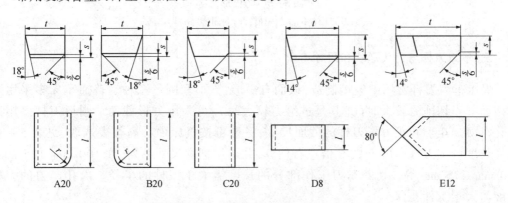

图 5－4　常用硬质合金刀片型号

表 5－2　常用硬质合金刀片型号

型号	基本尺寸/mm				主要用途
	l	t	s	r	
A20	20	12	7	7	直头外圆车刀、端面车刀、镗孔刀
B20	20	12	7	7	左切刀
C20	20	12	7		$\kappa_r < 90°$ 外圆车刀、镗孔刀、宽刃光刀
D8	8.5	16	8		切断刀、车槽刀
E12	12	20	6		精车刀、螺纹车刀

选择刀片型号时,刀片形状主要根据车刀用途和主偏角来选择。刀片长度 l 尺寸主要根据背吃刀量和主偏角决定。外圆车刀一般应使参加工作的切削刃长度不超过刀片长度的 $60\% \sim 70\%$,刀片宽度 t 在切削空间允许时可选择较宽,以增大支承面和重磨次数。刀片厚度 s 主要取决于切削力的大小,切削力越大,刀片厚度 s 须相应增大。对于切断刀和切槽刀用的刀片宽度 t,应根据槽宽或切断刀宽度来选取。切断刀宽可按 $t = 0.6 \sqrt{d_w}$ 估算(d_w 为工件直径)。

二、刀槽形状的选择

刀杆上应根据采用的刀片形状和尺寸开出刀槽(图 5–5)。开口槽制造简单,但焊接面积小,适用于 C 型刀片,有时也用 D 型。半封闭槽焊接后刀片牢固,但制造复杂,只能用立铣刀单件加工,适用于 A、B 型刀片。封闭槽能增加焊接面积,制造困难,适合于 E 型刀片。切口槽用于车槽、切断刀。可使刀片焊接牢固,但制造复杂,适用于 D 型刀片。刀槽的尺寸可查有关手册或按刀片配制。

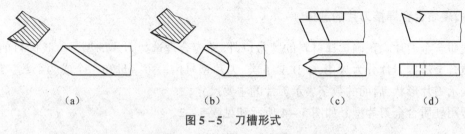

(a) (b) (c) (d)

图 5–5 刀槽形式

(a)开口槽;(b)半封闭槽;(c)封闭槽;(d)切口槽

三、车刀刀杆与刀头形状和尺寸

焊接车刀刀杆常用中碳钢制造,截面有矩形、方形和圆形三种。普通车床多采用矩形截面。当切削力较大时(尤其是进给力较大时),可采用方形截面。圆形刀杆多用于内孔车刀。矩形和正方形刀杆的截面尺寸,一般可按机床中心高查表选取,见表 5–3。刀杆长度可按刀杆高度 H 的 6 倍左右估算,并选用标准尺寸系列,如 100 mm、125 mm、150 mm、175 mm 等。切断车刀工作部分的长度需大于工件的半径。内孔车刀的刀杆长度需大于工件孔深。

表 5–3 常用车刀刀杆截面尺寸

机床中心高/mm	150	180 ~ 200	180 ~ 200	180 ~ 200
正方形刀柄断面 $H \times H$/mm × mm	16 × 16	20 × 20	25 × 25	30 × 30
矩形刀柄断面 $B \times H$/mm × mm	12 × 20	16 × 25	20 × 30	25 × 40

刀头形状可分为直头和偏头两种,如图 5–6 所示。直头结构简单,制造方便;偏头通用性好,能车外圆和端面。刀头结构尺寸见尺寸相关手册。

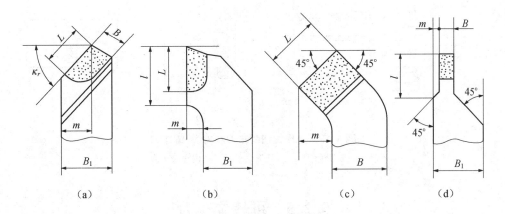

图 5-6　常用焊接式车刀

(a)直头外圆车刀;(b)90°偏头外圆车刀;(c)45°偏头车刀;(d)切断车刀

5.2.2　机夹式车刀

机夹式车刀又称为机夹可重磨式车刀,是用机械加固的方法,将预先刃磨好的刀片固定在刀杆上。这种车刀是针对硬质合金焊接车刀的缺陷而出现的。与硬质合金焊接车刀相比,机夹可重磨式车刀有很多优点,如刀片不经高温焊接,避免了因焊接引起的刀片硬度下降和产生裂纹等缺陷,延长了刀具的寿命;刀杆可以多次重复使用,使刀杆材料利用率大大提高,刀杆成本下降;刀片用钝后可多次刃磨,不能使用时还可以回收。缺点是在使用过程中仍需刃磨,不能完全避免由于刃磨而引起的热应力和裂纹;其切削性能仍取决于工人刃磨的技术水平;刀杆制造复杂。

机夹车刀没有标准化,结构形式很多。目前常用机夹式车刀有切断车刀、切槽车刀、螺纹车刀等。常用机夹式车刀的夹紧结构有上压式、自锁式和弹性压紧式等,如图 5-7 所示。

按国标生产的机夹式切断车刀,内、外螺纹车刀都采用上压式(见图 5-8)。一般都采用 V 形槽底的刀片,以防止切削时受力后刀片发生转动。

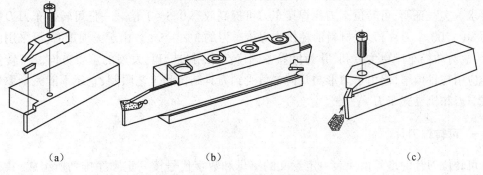

（a）　　　　　　　　　　（b）　　　　　　　　　　（c）

图 5-7　机夹式车刀夹紧结构

(a)上压式;(b)自锁式;(c)弹性压紧式

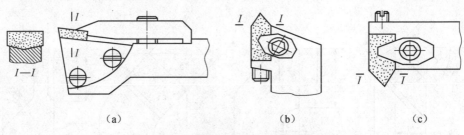

图 5-8　上压式切断车刀和内、外螺车刀

(a)切断车刀；(b)外螺纹车刀；(c)内螺纹车刀

5.2.3　可转位车刀

可转位车刀是使用可转位硬质合金刀片的机夹车刀，如图 5-9 所示，刀垫 2 和刀片 3 套装在刀杆 1 的夹固元件 4 上，由该元件将刀片压向支撑面而紧固。车刀的前后角靠刀片在刀杆槽中安装后获得。

可转位刀片和焊接式车刀的刀片不同，它是由硬质合金厂压模成形，使刀片具有供切削时选用的几何参数(不需刃磨)，刀片为多边形，每条边都可作为切削刃。当一条切削刃用钝后，松开加紧装置，将刀片转为调换到另一条切削刃，夹紧后即可继续切削，直到刀片上所有切削刃都用钝后才能更换刀片。

可转位车刀除了具有焊接式和机夹式车刀的优点外，还具有无须刃磨、可转位和更换切削刃简捷、几何参数稳定等特点，完全避免了因焊接和刃磨引起的热效应和热裂纹。其几何参数完全由刀片和刀杆上的刀槽保证，不受工人技术水平的影响，因此切削性能稳定，切削效率高，有利于合理使用硬质合金和新型复合材料及刀片和刀杆的专业化生产等，很适合现代化生

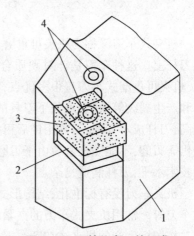

图 5-9　可转位车刀的组成

1—刀杆；2—刀垫；3—刀片；4—夹固元件

产要求。实践证明，可转位车刀比焊接车刀可提高效率 0.5~1 倍。一把可转位车刀刀杆可使用 80~200 个刀片，刀杆材料消耗仅为焊接车刀的 3%~5%。由于无须重磨，可采用涂层刀片，故对数控车床更为有利，并为世界各国广泛采用，是刀具发展的重要方向。可转位车刀的应用与日俱增，但由于刃形与几何参数受到刀具结构和工艺限制，它还不能完全取代焊接式车刀和机夹式车刀。

一、可转位刀片

可转位刀片的型号由代表一定意义的字母和数字代号按一定顺序排列所组成，共有十个号位，每个号位的含义如表 5-4 所示。任一刀片都必须标记前七个号位，后三个号位在必要时才使用。

表5-4　可转位刀片的型号与表达特性

号位	1	2	3	4	5	6	7	8	9	10
表达特性	刀片形状	法向后角	精度等级	刀片有无断屑槽和中心孔	切削刃长度	刀片厚度	刀尖圆弧半径	刃口形式	切削方向	断屑槽型与宽度
表达方法	每个号位用一个英文字母				两位阿拉伯数字(所表示参数的整数部分,不够两位的前面加0)	两位阿拉伯数字(舍去小数点后的参数)		一个英文字母		一个英文字母和一位阿拉伯数字(宽度的整数部分)
举例	T三角形	A 30°	M中等	N无断屑槽和中心固定孔	15 15 mm	06 6 mm	12 1.2 mm	F锋刃	R右切	A3开口式断屑槽(宽3 mm)

可转位刀片的外形有正三角形、正方形、正五边形、菱形和圆形等,常用刀片为三角形和正方形,如图5-10所示。刀片又分为带孔无后角和不带孔有后角两种形式,其中孔是夹持刀片用的。若刀片有后角,则在刀片装入刀槽时就不需要安装后角;若刀片无后角,则在刀片装入刀槽时就需要将刀片安装出一定的后角。

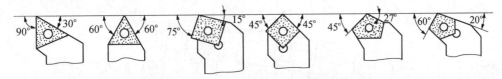

图5-10　可转位刀片形状

车削用刀片的精度等级可分为精密级(G)、中等级(M)和普通级(U)。可转为刀片的形状、尺寸、精度、结构等均已标准化(GB 2079—1987),设计时的一些代号、有关参数以及断屑槽形状和参数可查阅有关设计手册进行选取。

二、几种典型的夹紧结构

可转位吃刀夹紧机构的选择和设计是否合理,将直接影响其使用效果。应当力求刀片转位和更换新片简便迅速,转位后重复定位精度高,结构简单,夹固牢靠,夹紧元件制造工艺性良好,且尽量不外露,以免妨碍切屑流出。

可转位车刀与机夹式车刀虽同属机械夹固方式,但它多利用刀片上的孔进行夹固,因此夹紧机构有其独特之处。最具代表性的夹紧机构有下面四种。

1. 偏心式

它是利用螺钉上端部的一个偏心销将刀片夹紧在刀杆上,如图5-11所示。该结构靠偏心夹紧,靠螺钉自锁,结构简单,操作方便,但不能双边定位。由于偏心量较小,故要求刀片制造精度高;偏心量太大时则又在切削力冲击下容易使刀片松动,故偏心式夹紧机构适用于连续平稳切削场合。

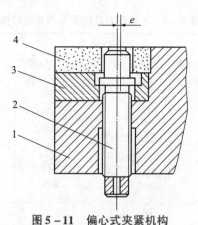

图 5-11　偏心式夹紧机构

1—刀杆；2—螺纹偏心销；3—刀垫；4—刀片

2. 杠杆式

应用杠杆原理对刀片进行夹紧。当旋转螺钉时，通过杠杆产生的夹紧力将刀片定位夹紧在刀槽侧面上；旋出螺钉时刀片松开，半圆筒形弹簧刀片可保持刀垫不动，如图 5-12 所示。该结构的特点是：定位精度高，夹固牢靠，受力合理，使用方便，但工艺性较差，适合于专业工具厂大批量的生产。

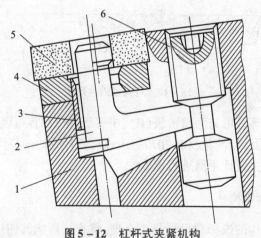

图 5-12　杠杆式夹紧机构

1—刀杆；2—杠杆；3—弹簧套；4—刀垫；5—刀片；6—压紧螺钉

3. 楔块式

该结构是把刀片通过内孔定位在刀杆刀片槽的销轴上，由压紧螺钉下压带有斜面的楔块，使其一面紧靠在刀杆的凸台上，另一面将刀片推往刀片中间孔的圆柱销上，将刀片压紧，如图 5-13 所示。该结构简单易操作，且定位精度较低，夹紧力与切削力相反。

4. 上压式

与机夹式车刀一样，也有上压式夹紧机构，其工作原理也相同，如图 5-14 所示。这种结构主要用于夹紧带后角及中间无孔的刀片。

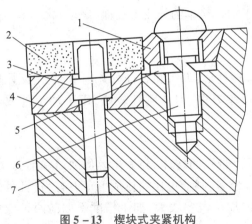

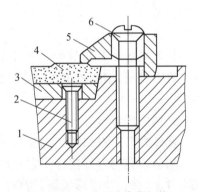

图 5 – 13　楔块式夹紧机构

1—楔块;2—刀片;3—圆柱销;4—刀垫;

5—弹簧垫圈;6—压紧螺钉;7—刀杆

图 5 – 14　上压式夹紧机构

1—刀杆;2,6—螺钉;3—刀垫;

4—刀片;5—压板

5.2.4　成形车刀

　　成形车刀又称样板刀,是一种高生产效率的专用工具,其刃形是根据工件的廓形设计的,主要用于大批量生产,在普通车床、六角车床、半自动及自动车床上加工内外回转体的成形表面。由于大多数成形车刀均按径向进给设计,故又称径向成形车刀。

　　与普通车刀相比,成形车刀有以下特点:

　　(1)生产效率高。一把成形车刀相当于多把切削刃形状不同的普通车刀组合在一起同时参加切削。利用成形车刀进行加工,一次进给便可完成零件各表面的加工。

　　(2)加工质量稳定。成形表面的精度与工人熟练程度无关,主要取决于刀具切削刃的制造精度,所以它可以保证被加工工件表面形状与尺寸精度的一致性和互换性。加工精度可达到 IT8 ~ IT10,表面粗糙度可达 $Ra6.3 ~ 3.2$ μm。

　　(3)刀具使用寿命长。由于刀具可重磨的次数多,故总的使用寿命比普通车刀长得多。

　　(4)刃磨简单。刀具磨钝后,只需重磨前刀面,而一般成形车刀的前刀面为平面,所以刃磨很方便。

　　(5)刀具制造成本高。成形车刀的刃形形状复杂,制造较麻烦,刀具成本较高,故主要用在成批大量生产中。目前在汽车、拖拉机、纺织机械等行业里应用较多。

　　(6)成形车刀切削刃工作长度较长,进给力大,易引起振动,因此应注意提高工艺系统刚性。

　　(7)进给速度应较低且均匀,切削刃应光整锋利,浇注切削液应充分等。成形车刀切削速度较低,通常切削碳钢时为 20 ~ 40 m/min。

一、成形车刀的种类和用途

1.按结构和形状可分为平体、棱体和圆体三种成形车刀

1)平体成形车刀

平体成形车刀如图 5 – 15(a)所示,刀具形状和普通车刀相似,结构简单、容易制造、成

本低,但可重磨次数不多,使用寿命较短,常用于加工简单的外成形表面,如车螺纹、车圆弧和铲齿等。

2)棱体成形车刀

棱体成形车刀如图 5－15(b)所示,刀体呈棱柱形,刀头和刀杆分开制作,利用燕尾榫装夹在刀杆燕尾槽中,可重磨次数比平体成形车刀多,刀体刚性较好,用于加工外成形表面。

3)圆体成形车刀

圆体成形车刀如图 5－15(c)所示,刀体是个带孔回转体,并磨出容屑缺口和前刀面,利用刀体内孔与刀杆连接。它允许重磨的次数最多,制造也比棱体成形车刀容易,且可加工零件上的内、外成形表面,所以应用较广。但加工误差较大,加工精度不如前两种成形车刀高。

2.按进给方向可分为径向进给和切向进给成形车刀

1)径向进给成形车刀

如图 5－15 所示的均为径向进给成形车刀。车削时,整条切削刃沿工件径向同时切入,切削行程短,生产效率高,所以应用广泛。但当切削刃宽度较大时,径向力就会增大,容易引起振动,使加工表面的表面粗糙度增大,故不适用于加工细长和刚性差的工件。

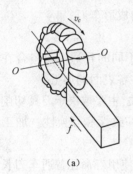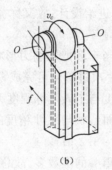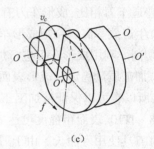

(a)　　　　　　　　(b)　　　　　　　　(c)

图 5－15　径向进给成形车刀

(a)平体;(b)棱体;(c)圆体

2)径向进给成形车刀

如图 5－16 所示,车削时,切削刃沿工件加工表面的切线方向切入。由于切削刃相对于工件有较大的倾斜角,所以切削刃是依次先后切入和切出,始终只有一小段切削刃在工作,从而减小了切削力,切削过程比较平稳。但切削行程长,生产率低。径向进给成形车刀适于加工细长、刚性较差且廓形深度差别小的外成形表面。

二、成形车刀的安装

成形车刀的加工精度不仅取决于刀具廓形的设计和

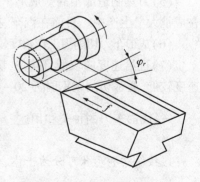

图 5－16　切向进给成形车刀

制造,而且与刀具的安装有关。安装时应注意以下几点:

(1)刀具装夹必须牢固。

(2)刀刃最外缘点(基准点)应对准工件中心。

(3)棱体成形车刀安装时定位基准平面与圆体成形车刀的轴线应平行于工件的轴心线。

(4)刀具安装后的前角和后角应符合设计所规定的大小。

三、成形车刀的刃磨

成形车刀用钝后的刃磨,一般是在万能工具磨床上用碗形砂轮沿前刀面进行的。刃磨的基本要求是保持其原始前角和后角不变。

如图5-17所示,刃磨车刀时,使棱体成形车刀的前面与砂轮的工作端面平行;使圆体成形车刀的中心与砂轮的工作端面偏移 h_c 值,$h_c = R\sin(\alpha_f + \gamma_f)$。

为检验磨出的前刀面位置是否正确,对于棱体成形车刀可测量其楔角 β_f 值,即 $\beta_f = 90° - (\alpha_f + \gamma_f)$ 值;对于圆体成形车刀可检验它的前面是否与端面上划出的检验圆相切,检验圆是以 h_c 值为半径的圆。

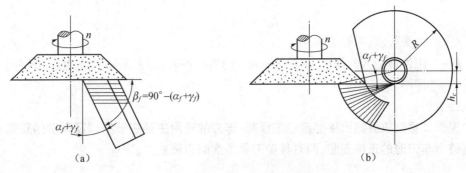

图5-17 成形车刀的刃磨

(a)棱体成形车刀;(b)圆体成形车刀

5.3　任务实施

5.3.1　车刀种类的选择

要想完成图5-1所示阶梯轴的车削加工,需要的车刀种类见表5-5。

表5-5 车刀种类

车刀种类	45°弯头车刀	90°外圆车刀	螺纹车刀	切槽刀
车刀结构	可转位式	可转位式	焊接式或机夹式	焊接式或机夹式
车刀用途	车外圆、车端面、倒角	车阶台	车螺纹	车退刀槽

5.3.2 车刀几何参数的选择

以切槽刀为例讲解车刀几何参数的选择。阶梯轴材料为45钢,选择刀头材料为高速钢,采用焊接式结构。一般切断刀的主切削刃较窄、刀头较长,所以强度较差。其主要参数选择如下:

(1)前角:切中碳钢时,前角取20°~30°;切削铸铁时,前角取0°~10°。

(2)后角:切脆性材料时,后角取小些;切塑性材料时,后角取大些。一般取4°~8°。

(3)副后角:切断刀有两个对称的、起减少摩擦作用的副后角,一般取1°~2°。

(4)主偏角:由于切断刀采用横向走刀,因此一般采用90°的主偏角。

(5)副偏角:为了不过多削弱刀头强度,一般取1°~1.5°。

(6)刃倾角:主切削刃是平直的,所以刃倾角为0°。

(7)主切削刃宽度:车窄槽时,一般将主切削刃宽度刃磨成与工件槽宽相等。

(8)刀头长度:刀头长度要适中,刀头太长容易引起振动甚至使刀头折断。其计算公式为

$$L = h + (2 \sim 3)$$

式中　　L——刀头长度,单位为 mm;

　　　　h——工件被切入的深度,单位为 mm。切实心件时,等于工件半径;切空心件时,等于壁厚。

企业点评:

中国第二重型机械集团徐斐高级工程师:车刀的选用主要在于结构及角度的正确选择,要掌握使用车刀时的正确安装,同时具备刀具角度的刃磨能力。

复习思考题

1.车刀按结构和用途分类,各有哪些类型? 使用场合如何?

2.常用硬质合金焊接刀片型号是如何规定的? 其使用范围如何?

3.试比较焊接式硬质合金车刀、机夹式车刀和可转位车刀的特点。

4.分析常用的可转位车刀的夹紧机构各有何优缺点。

5.成形车刀有何特点? 不同类型的成形车刀各应用在什么场合?

6.成形车刀是如何重磨的? 如何确定砂轮端面与被磨削面之间的关系?

教学单元 6 孔加工刀具及选用

6.1 任务引入

如图 6-1 所示法兰端盖和图 6-2 所示轴承套,请仔细分析一下若想完成两个零件的孔加工,需要选择哪些孔加工刀具? 又如何选择这些刀具的结构和参数?

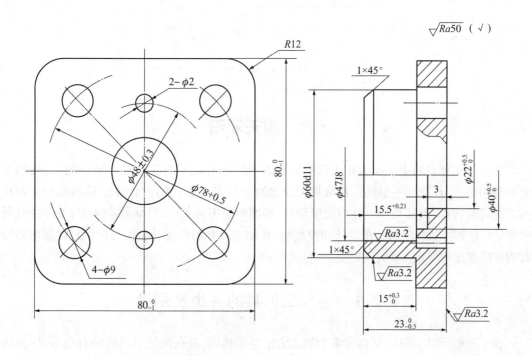

图 6-1 法兰端盖

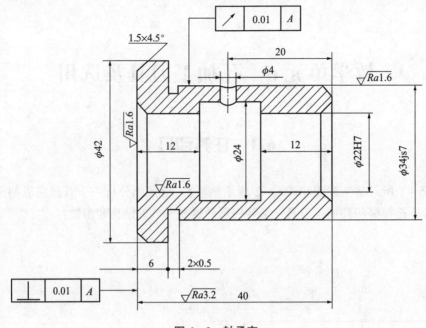

图 6-2 轴承套

6.2 相关知识

在工件实体材料上钻孔或扩大已有孔的刀具称为孔加工刀具。在金属切削中,孔加工刀具应用的十分广泛,一般约占机械加工总量的 1/3,其中钻孔约占 25%。这些孔加工刀具有着共同的特点:刀具均在工件内表面切削,切削情况不易观察,刀具的结构尺寸受工件孔径尺寸的长度和形状的限制。在设计和使用时,孔加工刀具的强度、刚性、导向、容屑、排屑和冷却润滑等都比切削外表面时问题更突出。

6.2.1 孔加工刀具的种类及用途

由于孔的形状、规格、精度要求和加工方法各不相同,故孔加工刀具种类有很多,按其用途可分为两类:一类是在实体材料上加工孔的刀具,如麻花钻、中心钻及深孔钻等;另一类是对已有孔进行再加工的刀具,如扩孔钻、锪钻、铰刀、镗刀及圆拉刀等。

一、在实体材料上加工孔的刀具

1. 扁钻

扁钻是最早使用的钻孔工具,它的结构简单、刚度好、制造成本低、刃磨方便、切削液容易导入孔中,但切削和排屑性能较差。扁钻在微孔(<1 mm)及较大孔(>38 mm)加工中比较方便、经济。近十几年来经过改进的扁钻,应用还是比较多的。

扁钻有整体式(图 6-3(a))和装配式(图 6-3(b))两种。前者常用于较小直径(<12 mm)孔的加工,后者适用于较大直径(>63.5 mm)孔的加工。

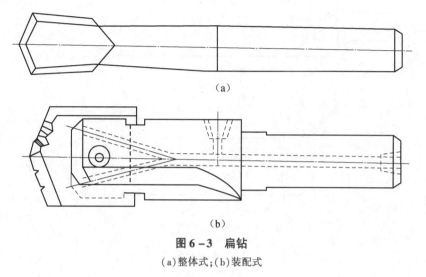

(a)

(b)

图 6-3　扁钻

(a)整体式;(b)装配式

2. 麻花钻

麻花钻是孔加工刀具中应用最为广泛的工具,特别适合直径小于 30 mm 孔的粗加工,生产中也有把大一点的麻花钻作为扩孔钻使用的。麻花钻按其制造材料的不同,分为高速钢麻花钻和硬质合金麻花钻。在钻孔中以高速钢麻花钻为主(详见 6.2.2 节)。

3. 中心钻

中心钻主要用于加工轴类零件的中心孔,根据其结构特点分为无护锥中心钻(图 6-4(a))和带护锥中心钻(图 6-4(b))两种。钻孔前,先打中心孔,有利于钻头的导向,防止孔的偏斜。

4. 深孔钻

通常把孔深与直径之比大于 5 倍的孔称为深孔,加工所用的钻头称为深孔钻。深孔钻有很多种,常用的有外排屑深孔钻、内排屑深孔钻、喷吸钻及套料钻等。

深孔钻由于切削液不易达到切削区域,故刀具的冷却散热条件差,切削温度高,刀具寿命降低;再加上刀具细长、刚度较差,故钻孔时容易发生引偏和振动。因此,为保证孔加工质量和深孔钻的寿命,深孔钻在结构上必须解决断屑、排屑及冷却润滑和导向问题(详见 6.2.3 节)。

二、对已有孔加工的刀具

1. 扩孔钻

扩孔钻是用来扩大已有孔的孔径或提高孔的加工精度的刀具。它既可以用作孔的最终加工,也可以作为铰孔和磨孔的预加工,在成批或大批生产时应用较广。它所达到的精度等

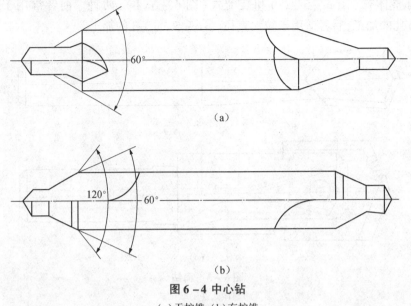

图6-4 中心钻

(a)无护锥;(b)有护锥

级为IT10~IT9,表面粗糙度值为 *Ra*6.3~3.2 μm。

扩孔钻外形与麻花钻相似,但齿数较多,通常有3~4齿。切削刃不通过中心,无横刃,钻心直径较大,故扩孔钻的强度和刚性均比麻花钻好;加工时导向性好,切削过程平稳,加工质量和生产效率也比麻花钻高。扩孔钻的直径规格一般为10~100 mm,直径小于15 mm时一般不扩孔。

扩孔钻按刀具切削部分的材料来分,有高速钢和硬质合金两种。常见的结构形式有高速钢整体式(图6-5(a))、镶齿套式(图6-5(b))和硬质合金可转位式等。在小批量生产时,常用麻花钻改制。对于大直径的扩孔钻,常采用机夹可转位式。

2. 锪钻

锪钻用于在空的端面上加工各种圆柱形沉头孔、锥形沉头孔或凹台表面。锪钻可采用高速钢整体结构或硬质合金镶齿结构,其中以硬质合金锪钻应用较广。常见的锪钻有三种:圆柱形沉头孔锪钻、锥形沉头孔锪钻及端面凸台锪钻。单件或小批生产时,常把麻花钻修磨成锪钻使用。

图6-6(a)所示为带导柱的平底锪钻,是用于加工六角头螺栓、带垫片的六角螺母、圆柱头螺钉的圆柱形沉头孔。这种锪钻在端面和圆周上都有刀齿,并且有一个导向柱,以保证沉头孔及其端面对圆柱孔的同轴度及垂直度。导向柱可以拆卸,以利于制造和重磨。

图6-6(b)所示为带导柱的锥面锪钻,其切削刃分布在圆锥面上,可对孔的锥面进行加工。

图6-6(c)所示为不带导柱的锥面锪钻,是用于加工锥角为60°、90°、120°的沉头螺钉的沉头孔。

图6-6(d)所示为端面锪钻,这种锪钻只有端面上有切削齿,以刀杆来导向,以保证加工平面与孔垂直,主要用于加工孔的内端面。

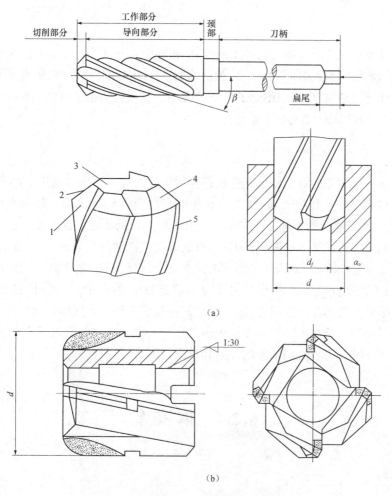

（a）

（b）

图6-5　扩孔钻

（a）高速钢整体扩孔钻；（b）硬质合金镶齿套式扩孔钻

1—前刀面；2—主切削刃；3—钻心；4—后刀面；5—刃带

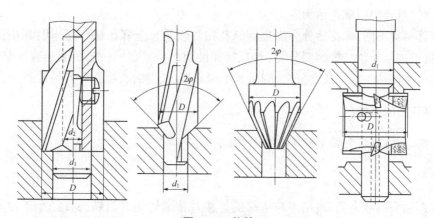

图6-6　锪钻

（a）带导柱的平底锪钻；（b）带导柱的锥面锪钻；（c）不带导柱的锥面锪钻；（d）端面锪钻

3. 铰刀

铰刀是对中小尺寸的孔进行精加工和半精加工的常用刀具。由于铰削余量小(一般小于0.1 mm)、铰刀齿数较多(4~16个)、槽底直径大、导向性和刚度好,因此,铰削的加工精度和生产率都比较高,在生产中得到了广泛的应用。铰孔后的精度可达IT6~IT5,表面的粗糙值为 Ra1.6~0.2 μm(详见6.2.4节)。

4. 镗刀

镗刀是一种很常见的对工件已有孔进行再加工的刀具。在许多机床上都可以用镗刀镗孔(如车床、铣床、镗床、数控机床、加工中心及组合机床等),可以用于较大直径(孔径大于80 mm)的通孔和不通孔的粗加工、半精加工和精加工。就其切削部分而言,与外圆车刀没有本质的区别。镗孔的加工精度可达IT8~IT6,表面粗糙度值为 Ra6.3~0.8 μm。

与其他加工方法相比,镗孔的一个突出优点是,可以用一种镗刀加工一定范围内各种不同直径的孔,尤其是直径很大的孔,它几乎是可供选择的唯一方法。此外,镗孔可以修正上一工序所产生的孔的相互位置误差,这一点是其他很多孔加工方法难以做到的。

由于镗刀和镗杆截面尺寸及长度受到所镗孔径、深度的限制,所以镗刀和镗杆的刚度比较差,容易产生变形和振动,切削液的注入和排屑较困难,且观察和测量不便,所以生产率较低(详见6.2.5节)。

6.2.2 麻花钻

一、概述

麻花钻是目前孔加工中应用最广的刀具。它主要用来在实体材料上钻出较低精度的孔,或作为攻螺纹、扩孔、铰孔和镗孔的预加工。麻花钻有时也可当作扩孔钻用。钻孔直径为0.1~80 mm,一般加工精度为IT13~IT11,表面粗糙度值为 Ra12.5~6.3μm。加工30 mm以下的孔时,至今仍以麻花钻为主。

按刀具材料不同,麻花钻分为高速钢麻花钻和硬质合金麻花钻。高速钢麻花钻种类很多,本节重点加以介绍。按柄部分类,有直柄和锥柄之分。直柄一般用于小直径钻头;锥柄一般用于大直径钻头。按长度分类,则有基本型和短、长、加长、超长等各种钻头。

二、麻花钻的组成

标准麻花钻由柄部、颈部和工作部分构成,如图6-7(a)所示。

1. 柄部

柄部是钻头的装夹部分,用于与机床的连接并传递转矩。当钻头直径小于13 mm时通常采用直柄(圆柱柄),大于12 mm时则采用圆锥柄。锥柄后端的扁尾是供使用锲铁将钻头从钻套中取出。

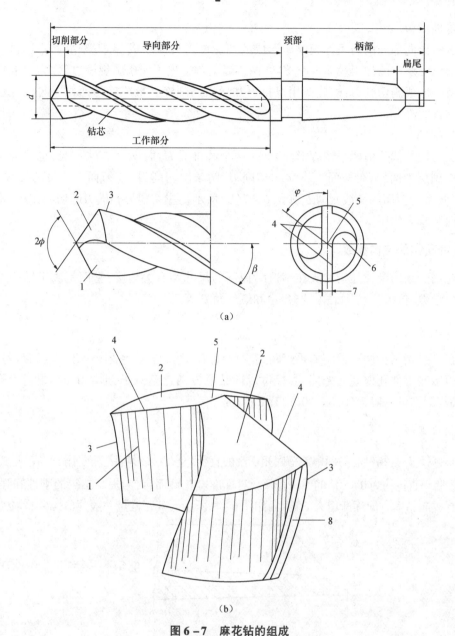

图 6-7　麻花钻的组成

1—前刀面；2—后刀面；3—副切削刃；4—主切削刃；5—横刃；6—螺旋槽；7—棱边；8—副后刀面

2. 颈部

颈部是柄部和工作部分之间的连接部分,作为磨削时砂轮退刀和打印标记(钻头的规格及厂标)用。为制造方便,直柄麻花钻一般不制作颈部。

3. 工作部分

麻花钻的工作部分有两条螺旋槽,其外形很像,麻花因此而得名。它是钻头的主要部分,由切削部分和导向部分组成。

1）导向部分

钻头的导向部分由两条螺旋槽所形成的两螺旋形刃瓣组成,两刃瓣由钻心连接。为减小两螺旋形刃瓣与已加工表面的摩擦,在两刃瓣上制造出了两条螺旋棱边(称为刃带),用以引导钻头并形成副切削刃;螺旋槽用以排屑和导入切削液并形成前刀面。导向部分也是切削部分的备磨部分。

2）切削部分

钻头的切削部分由两个螺旋形前刀面、两个圆锥后刀面(刃磨方法不同,也可能是螺旋面)、两个副后刀面(刃带棱面)、两条主切削刃、两条副切削刃(前刀面与刃带的交线)和一条横刃(两个后刀面的交线)组成,如图6-7(b)所示。主切削刃和横刃起切削作用,副切削刃起导向和修光作用。

三、麻花钻的结构参数

麻花钻的结构参数是指钻头在制造时控制的尺寸和有关角度,它们是决定钻头几何形状的独立参数,包括直径 d、钻心直径 d_o 和螺旋角 β 等。

1. 直径 d

直径 d 是指钻头两刃带间的垂直距离。标准麻花钻的直径系列国家标准已有规定。为了减少刃带与工件孔壁间的摩擦,直径做成向钻柄方向逐渐减小,形成倒锥,相当于副偏角的作用,其倒锥量一般为$(0.05 \sim 0.12)/100 \text{ mm}$。

2. 钻心直径 d_o

钻心直径 d_o 是指钻心与两螺旋槽底相切圆的直径。它直接影响钻头的刚性与容屑空间的大小。一般钻心直径约为0.15倍的钻头直径。对标准麻花钻而言,为提高钻头的刚性和强度,钻心直径制成向钻柄方向逐渐增大的正锥,如图6-8所示。其正锥量一般为$(1.4 \sim 2)/100 \text{ mm}$。

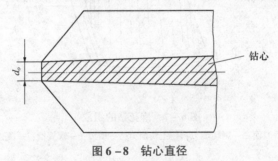

图6-8 钻心直径

3. 螺旋角 β

螺旋角 β 是指钻头刃带棱边螺旋线展开成直线后与钻头轴线间的夹角,如图6-7(a)所示。螺旋角实际就是钻头的进给前角。因此螺旋角越大,钻头的进给前角越大,钻头越锋利。但螺旋角过大,钻头刚性变差,散热条件变坏。麻花钻不同直径处的螺旋角不同,外径处螺旋角最大,越接近中心螺旋角越小。标准麻花钻螺旋角 $\beta = 18° \sim 30°$。螺旋角的方向一般为右旋。

四、麻花钻的几何参数

麻花钻的两条主切削刃相当于两把反向安装的车孔刀切削刃,切削刃不过轴线且相互错开,其距离为钻心直径,相当于车孔刀的切削刃高于工件中心。表示钻头几何角度所用的坐标平面,其定义与本书中从车刀引出的相应定义相同。

1. 基面与切削平面(图6-9)

1)基面 p_r

主切削刃上选定点 A 的基面 p_{rA} 是通过该点且包括钻头轴线在内的平面。显然,它与该点切削速度 v_{cA} 的方向垂直。因主切削刃上选定点的切削速度垂直于该点的回转半径,所以基面 p_r 总是包含钻头轴线的平面,同时各点基面的位置也不同。

2)切削平面 p_s

主切削刃选定点的切削平面是通过该点与主切削刃相切并垂直于基面的平面。显然切削平面的位置也随基面位置的变化而变化。

此外,正交平面 p_o、假定工作平面 p_f 和背平面 p_p 等的定义也与车削中的规定相同。

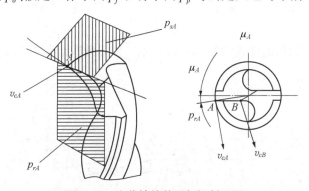

图6-9　麻花钻的基面与切削平面

2. 麻花钻的几何角度(图6-10)

麻花钻的各种几何参数性质不同,有一些是钻头制造时已定的参数,使用者在使用时无法改变,如钻头直径 d、直径倒锥度(K_r')、钻心直径 d_o、螺旋角 β 等,可以称之为固有参数;另一些几何参数是钻头的使用者可以根据具体的加工条件,通过刃磨而控制其大小,它们是构成钻头切削部分几何形状的独立参数,也称独立角度,包括顶角 2ϕ、侧后角 α_f、横刃斜角 φ;还有一些几何参数是非独立的,是由钻头的固有参数和独立角度换算而求得的,例如主切削刃上的主偏角 K_r、刃倾角 λ_s、前角 γ_o、后角 α_o 等,一般称为派生角度。

1)顶角 2ϕ

顶角 2ϕ 是指主切削刃在与其平行的轴向平面(p_c—p_c)内投影之间的夹角。标准麻花钻的顶角 2ϕ 一般为118°。

2)主偏角 κ_r

任一点的主偏角 κ_{rx} 是指主切削刃在该点基面(p_{rx}—p_{rx})内的投影与进给方向的夹角。由于主切削刃上各点的基面不同,因此主切削刃上各点的主偏角也是变化的,外径处大,钻心处小。

当顶角 2ϕ 磨出后，各点主偏角 κ_r 也就确定了。顶角 2ϕ 与外径处的主偏角 κ_r 的大小较接近，故常用顶角 2ϕ 大小来分析对钻削过程的影响。

3）前角 γ_o

主切削刃上任一点的前角 γ_o 是在正交平面内测量的前刀面与基面的夹角。在假定工作平面 p_{fx} 内，前角 γ_{fx} 也是螺旋角 β_x，它与主偏角 κ_{rx} 有关。由于螺旋角 β_x 越靠近钻心越小，故在切削刃上各点的前角 γ_o 也是变化的。标准麻花钻主切削刃上各点的前角变化很大，从外径到钻心处，约由 $+30°$ 减小到 $-30°$。因此，越靠近钻心处切削条件越差。此外，由于主切削刃前角不是直接刃磨得到的，因而钻头的工作图上一般不标注前角。

4）后角 α_f

主切削刃上任一点的后角 α_{fx} 是在假定工作平面内测量的后刀面与切削平面的夹角。在刃磨后刀面时，后角 α_f 应满足外径处小、钻心处大的要求，一般从 $8° \sim 14°$ 增大到 $20° \sim 27°$。其主要目的是，减少进给运动对主切削刃上各点工作后角产生的影响，改善横刃处的切削条件及使主切削刃上各点的楔角基本相等。

5）副后角 $\alpha_o{}'$

钻头的副后角（刃带）是一条狭窄的圆柱面，因此副后角 $\alpha_o{}' = 0°$。

6）横刃角度

横刃是两个主后刀面的交线，如图 6 - 10 所示。横刃角度是在端平面 p_t 上表示的，包括有

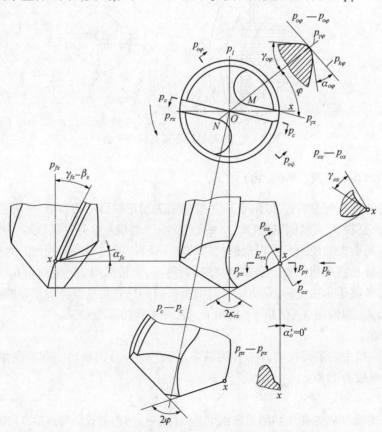

图 6 - 10　钻头的几何角度

横刃斜角、横刃前角、横刃后角。横刃斜角是横刃与主切削刃之间的夹角,它是刃磨后刀面时形成的。标准麻花钻的横刃斜角一般为50°～55°。当后角磨得偏大时,横刃斜角减小,横刃长度增大。因此,在刃磨麻花钻时,可以通过观察横刃斜角的大小来判断后角磨得是否合适。

五、钻削工艺范围

钻削加工是在钻床上加工孔的工艺方法,主要用来加工外形复杂、没有对称回转轴线的孔及直径不大、精度不太高的孔,如连杆、盖板、箱体、机架等零件上的单孔和孔系,也可以通过钻孔—扩孔—铰孔的工艺手段加工精度要求较高的孔,利用夹具还可加工要求一定相互位置精度的孔系。另外,钻床还可进行攻螺纹、锪孔和锪端面等工作。

钻床在加工时,工件一般不动,刀具一边做旋转主运动,一边做轴向进给运动。钻床的加工方法及其所需运动如表6－1所示。

表6－1　钻床的加工方法

六、钻削工艺特点

钻削时的切削运动和车削一样,由主运动和进给运动组成。其中,钻头(在钻床上加工孔时)或工件(在车床上加工孔时)的旋转运动为主运动,钻头的轴向运动为进给运动。

钻削属于内表面加工,钻孔时,钻头的切削部分始终处于一种半封闭状态,切屑难以排出,而加工生产的热量又不能及时散发,导致切削区温度很高。浇注切削液虽然可以改善切削条件,但由于切削区是在内部,切削液最先接触的是正在排出的热切屑,待其达到切削区时,温度已显著升高,冷却作用已不明显。另外,为了便于排屑,一般在钻头上开出两条较宽的螺旋槽,导致钻头本身的强度及刚度都比较差;而横刃的存在,使钻心定性差、易引偏、孔径容易扩大,且加工后的表面质量较差,生产效率也较低。因此,在钻削加工中,冷却、排屑和导向定心是三大突出而又必须重点解决的问题。

七、钻削用量及其选择

1. 钻削用量

钻削用量包括切削速度、进给量和背吃刀量三要素,如图6－11所示。

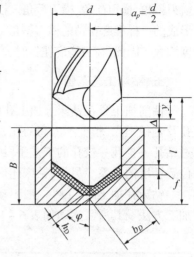

（1）背吃刀量（a_p）指已加工表面与待加工表面之间的垂直距离，也可以理解为一次走刀所能切下的金属层厚度，$a_p = d/2$。

（2）钻削时的进给量（f）指主轴每转一转钻头对工件沿主轴轴线的相对移动量，单位是 mm/r。

（3）钻削时的切削速度（v_c）指钻孔时钻头直径上一点的线速度。可由下式计算：

$$v_c = \pi dn/1\ 000$$

式中　d——钻头直径，单位为 mm；

　　　n——钻床主轴转速，单位为 r/min；

　　　v_c——切削速度，单位为 m/min。

2. 钻削用量的选择

图 6-11　钻削用量

1）选择钻削用量的原则

钻孔时，由于切削深度已由钻头直径所确定，所以只需选择切削速度和进给量。对钻孔生产率的影响，切削速度 v_c 和进给量 f 是相同的；对钻头寿命的影响，切削速度 v_c 比进给量 f 大；对孔的粗糙度的影响，进给量 f 比切削速度 v_c 大。

综合以上的影响因素，钻孔时选择切削用量的基本原则是：在允许范围内，尽量先选较大的进给量 f，当 f 受到表面粗糙度和钻头刚度的限制时，再考虑较大的切削速度 v_c。

2）钻削用量的选择方法

（1）背吃刀量的选择。直径小于 30 mm 的孔一次钻出；直径为 30～80 mm 的孔可分为两次钻削，先用（0.5～0.7）d（d 为要求的孔径）的钻头钻底孔，然后用直径为 d 的钻头将孔扩大。这样可以减小切削深度及轴向力，保护机床，同时提高钻孔质量。

（2）进给量的选择。高速钢标准麻花钻的进给量可参考有关手册选取。当孔的精度要求较高和表面粗糙度值要求较小时，应取较小的进给量；当钻孔较深、钻头较长、刚度和强度较差时，也应取较小的进给量。

（3）钻削速度的选择。当钻头的直径和进给量确定后，钻削速度应按钻头的寿命选取合理的数值，一般根据经验选取，也可查阅有关手册。当孔深较大时，应取较小的切削速度。

八、麻花钻的缺陷与修磨

1. 麻花钻的缺陷

标准麻花钻由于本身结构的原因，存在以下缺陷：

1）主切削刃方面

主切削刃上各点前角不相等，从外径到钻心处，由 +30° 至 -30°，各点切削条件相差很大，切削速度方向也不同。同时，主切削刃较长，切削宽度大，各点的切屑流出速度和方向不同，互相牵制不利于切屑的卷出，切削液也不易注入切削区，对排屑与冷却不利。另外，主切削刃外径处的切削速度高，切削温度高，切削刃易磨损。

2）横刃方面

横刃较长,引钻时不易定中心,钻削时容易使孔钻偏。同时,横刃处的前角为较大的负值,钻心处的切削条件较差,轴向力大。

3）刃带棱边

刃带棱边处无后角(α_o'),摩擦严重,主切削刃与刃带棱边转角处的切削速度最高,刀尖角较小,热量集中不易传散,磨损最快,其也是钻头最薄弱的部位。

标准麻花钻结构上的这些特点,严重影响了它的切削性能,因此在使用中常常加以修磨。

2.麻花钻的修磨

麻花钻的修磨是指在普通刃磨的基础上,针对钻头某些不够合适的结构参数进行的补充刃磨。在使用过程中可采用修磨麻花钻的刃形及几何角度的方法,来充分发挥钻头的切削性能,以保证加工质量和提高钻孔效率。

1）修磨出过渡刃（图6-12）

在钻头的转角处磨出过渡刃,使钻头具有双重顶角。其优点是增大刀尖角,提高刀尖强度,改善刀尖的散热条件。此法主要适用于较大直径钻头和铸件钻孔。

2）修磨横刃（图6-13）

修磨横刃的目的是增大钻尖的前角,缩短横刃的长度,从而有利于钻头的定心和减小轴向力。

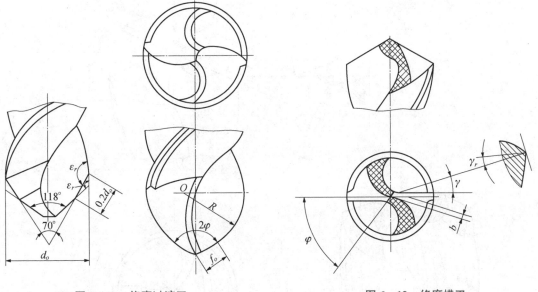

图6-12　修磨过渡刃　　　　　　　　　图6-13　修磨横刃

3）修磨分屑槽（图6-14）

在钻削塑性材料或尺寸较大的孔时,在钻头的后刀面上交错磨出分屑槽,使切屑分割成窄条,以便于切屑的卷曲、排出和切削液的注入。此法主要适用于中等以上直径钻头钻削钢件。

4）修磨刃带（图6-15）

修磨刃带的目的是减小刃带宽度,磨出副后角,以减小刃带与加工孔壁的摩擦。这种修磨方法适用于直径大于12 mm的钻头,钻削韧性高的软材料,以提高表面加工质量。修磨后钻头的寿命可提高一倍以上。

图 6-14　修磨分屑槽

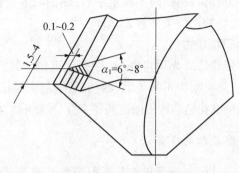

图 6-15　修磨刃带

3. 群钻

群钻是针对标准麻花钻的缺陷,经过综合修磨后而形成的新钻型,在长期的生产实践中已演化扩展成一整套钻型。图 6-16 所示为基本型群钻切削部分的几何形状。群钻的刃磨主要包括磨出月牙槽、修磨横刃和开分屑槽等。群钻共有七条切削刃,外形上呈现三个尖。其主要特点是:三尖七刃锐当先,月牙弧槽分两边,一侧外刃开屑槽,横刃磨低窄又尖。

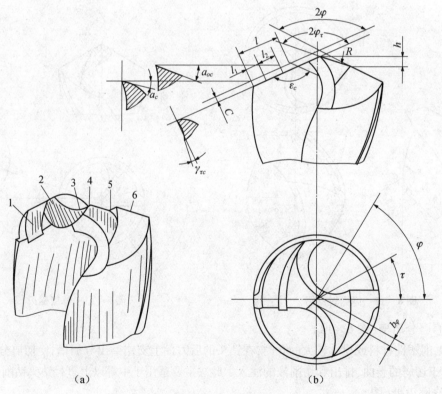

（a）

（b）

图 6-16　基本形群钻

1—分屑槽;2—月牙槽;3—横刃;4—内直刃;5—圆弧刃;6—外直刃

与普通麻花钻比较,群钻具有以下优点:

(1)群钻横刃长度只有普通钻头的 1/5,主切削刃上前角平均值增大,进给力下降 35%~50%,转矩下降 10%~30%。

(2)进给量比普通麻花钻提高 3 倍,钻孔效率得到很大提高。

(3)群钻的使用寿命比普通麻花钻可提高 2~4 倍。

(4)群钻的定心性好,钻孔精度提高,表面粗糙度值也较小。

九、硬质合金麻花钻

硬质合金麻花钻有整体式、镶片式和可转位式等结构。采用硬质合金钻头加工硬脆材料,如铸铁、玻璃、大理石、花岗石、淬硬钢及印制电路板等复合层压材料时,可显著提高切削效率。

小直径($d \leqslant 5$ mm)的硬质合金钻头都做成整体结构(图 6 – 17(a))。直径 $d > 5$ mm 的硬质合金钻头可做成镶片结构(图 6 – 17(b)),其切削部分相当于一个扁钻。刀片材料一般用 YG8,刀体材料采用 9SiCr,并淬硬到 50~55HRC。其目的是提高钻头的强度和刚性,减小振动,便于排屑,防止刀片碎裂。硬质合金可转位钻头如图 6 – 18 所示。它选用凸三角形、三边形、六边形、圆形或菱形硬质合金刀片,用沉头螺钉将其夹紧在刀体上,一个刀片靠近中心,另一个在外径处,切削时可起分屑作用。如果采用涂层刀片,切削性能可获得进一步提高。这种钻头适用的直径范围为 $d = 16~60$ mm,钻孔深度不超过 $(3.5~4)d$,其切削效率比高速钢提高 3~10 倍。

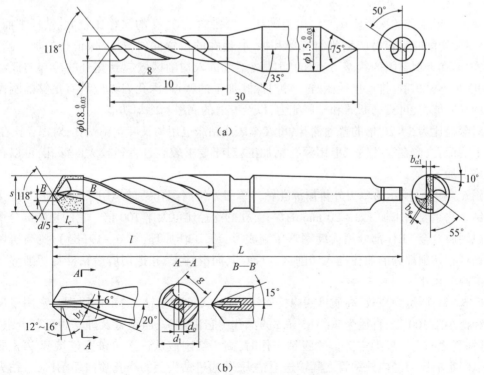

(a)

(b)

图 6 – 17 硬质合金钻头

(a)整体式;(b)镶片式

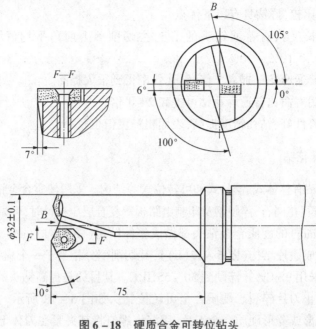

图 6 – 18　硬质合金可转位钻头

6.2.3　深孔钻

　　深孔一般指孔的深径比在 5 倍以上的孔。深孔加工时,孔的深径比较大,钻杆细而长,刚性很差,切削时很容易产生弯曲变形和振动,使孔的位置偏斜,难以保证孔的加工精度。另外,刀具在近似封闭的状态下工作,切削液难以进入切削区域起到充分的冷却与润滑作用,切削热不易扩散,排屑也很困难。针对深孔加工的特点,深孔刀具应具有足够的刚性和良好的导向能力、可靠的断屑和排屑能力,以及有效的润滑和冷却功能。

　　对深径比为 5 ~ 20 倍的普通深孔,可在车床或钻床上用加长麻花钻钻孔;对深径比在 20 倍以上的深孔,应在深孔钻床上用深孔钻加工;对于要求较高且直径较大的深孔,可以在深孔镗床上加工。

　　图 6 – 19(a)所示为单刃外排屑深孔钻。单刃外排屑深孔钻最早用于枪管加工,故又称为枪钻。它主要用来加工 3 ~ 20 mm 的深孔,孔的深径比可大于 100 倍。它的切削部分用高速钢或硬质合金、工作部分用无缝钢管压制成形。其工作原理(图 6 – 19(b))是:高压切削液从钻杆和切削部分的油孔进入切削区,以冷却、润滑钻头,并把切屑沿钻杆与切削部分的 V 形槽冲出孔外。

　　图 6 – 20 所示为高效、高质量的内排屑深孔钻(又称喷吸钻)的工作原理。它用于加工深孔径比小于 100 倍,直径为 20 ~ 65 mm 的深孔。它由钻头、内钻管及外钻管三部分组成,内、外钻管之间留有环形空隙。喷吸钻工作时,高压切削液从进液口进入连接套,2/3 的切削液以一定的压力经内外钻管之间输送至钻头,并通过钻头上的小孔喷向切削区,对钻头进行冷却和润滑,此外1/3 的切削液通过内管上 6 个月牙形的喷嘴向后喷入吸管。由于喷速高,故在内管中形成低压区而将前端的切屑向后吸,在前推后吸的作用下使排屑顺畅。

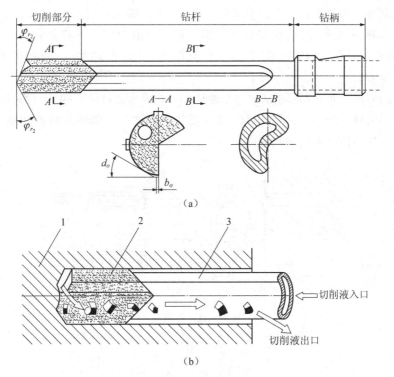

图6-19　单刃外排屑小深孔枪钻

(a)单刃外排屑孔钻;(b)工作原理

1—工件;2—切削部分;3—钻杆

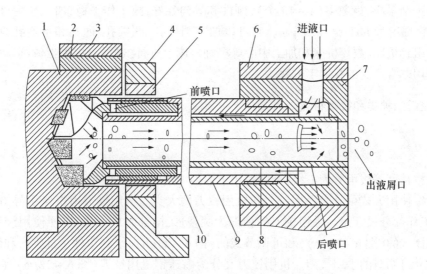

图6-20　喷吸钻工作原理

(a)喷吸钻体;(b)喷吸钻装置

1—工件;2—夹爪;3—中心架;4—引导架;5—导向管;6—支持座;

7—连接套;8—内管;9—外管;10—钻头

图 6-21 所示为套料钻。套料钻又叫环孔钻,用于加工直径大于 60 mm 的孔。采用套料钻加工,只切出一个环形孔,在中心部位留下料芯。由于它切下的金属少,不但节省金属材料,还可节省刀具和动力的消耗,并且生产率极高,加工精度也高。因此在重型机械的孔加工中应用较多。

套料钻的刀齿分布在圆形的刀体上,如图 6-21 所示套料钻有四个刀齿,同时在刀体上装有分布均匀的导向块(4~6 个)。加工时,通常将工件上一圈环形材料切除,从中间套出一个尚可利用的芯棒。导向块起导向作用。

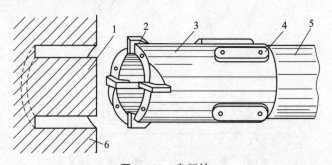

图 6-21　套料钻
1—料芯;2—刀片;3—钻体;4—导向块;5—钻杆;6—工件

6.2.4　铰　刀

铰刀是对预制孔进行半精加工或精加工的多刃刀具,常用于钻孔或扩孔等程序之后。因铰削加工余量小,齿数多(4~12 个),刚性和导向性好,故工作平稳,加工精度可达 IT7~IT5,表面粗糙度为 $Ra1.6~0.4$ μm。它可以加工圆柱孔、圆锥孔、通孔和不通孔,可以在钻床、车床、组合机床、数控机床和加工中心等多种机床上进行,也可以用手工铰削。所以铰削是一种应用非常广泛的孔加工方法。

一、铰刀的种类和铰削特点

1. 铰刀的种类

铰刀按精度等级可分为三级,分别适用于铰削 H7、H8、H9 级的孔。

铰刀按使用方式可分为手用铰刀和机用铰刀两大类。机用铰刀由机床引导方向,导向性好,故工作部分尺寸短。手用铰刀的柄部为圆柱形,尾部制成方头,以便使用绞手。手用铰刀有整体式的(图 6-22(a))和可调节式的(图 6-22(b))。在单件小批生产和修配工作中常用尺寸可调节的手用铰刀。机用铰刀又分为高速钢机用铰刀(图 6-22(c)、(d))和硬质合金机用铰刀(图 6-22(e))。直径较小的机用铰刀做成柄式的(直柄或锥柄),直径较大的做成套式的(图 6-22(f))。

铰刀按孔加工的形状可分为圆柱铰刀和圆锥铰刀。图 6-22(g)所示为铰削 0~6 号莫氏锥度锥孔的圆锥铰刀,它通常是两把刀组成一套,粗铰刀上有分屑槽。图 6-22(h)所示为用于铰削 1:50 锥度的销子孔铰刀。上述各种铰刀均有国家标准。

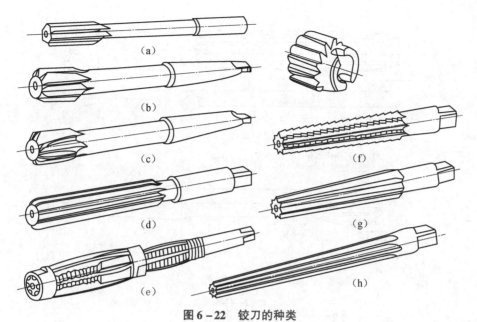

图6-22　铰刀的种类

(a)整体式手用铰刀;(b)可调式手用铰刀;(c),(d)高速钢机用铰刀;
(e)硬质合金机用铰刀;(f)套式机用铰刀;(g)圆锥铰刀;(h)销子孔铰刀

2.铰削特点

铰刀是定尺寸工具,一把铰刀只能加工一种尺寸和一种精度要求的孔,且直径大于80 mm的孔不适宜铰削。由于铰削余量小,一般为0.05~0.2 mm,因此铰削时的切削厚度很薄。由于切削刃存在一定的刃口钝圆半径,校准部分又留有圆柱刃带,故在铰孔时既起切削作用,又有挤压摩擦现象。所以铰削过程是个非常复杂的切削、挤压与摩擦的过程。另外,铰削速度较低(<15 m/min),易产生积屑瘤,故使孔径扩大并增加表面粗糙度值。由于铰刀切削量小,为防止铰刀轴线与主轴轴线相互偏斜而引起的孔轴线歪斜、孔径扩大等现象,铰刀与机床主轴之间常采用浮动连接。当采用浮动连接时,铰削不能校正底孔轴线的偏斜,故孔的位置精度应由前道工序来保证。

二、铰刀的结构及几何参数

1.铰刀的结构

如图6-23所示,铰刀由工作部分、颈部和锥柄组成。工作部分包括引导锥、切削部分和校准部分,其中校准部分又分为圆柱部分和倒锥部分。引导锥对于手用铰刀仅起便于铰刀引入预制孔的作用;切削部分呈锥形,担负主要的切削工作;校准部分用于校准孔径、修光孔壁与导向。校准部分的后部具有很小的倒锥,其倒锥量为(0.005~0.006)mm/100mm,用于减少与孔壁之间的摩擦和防止铰削后孔径扩大。对于手用铰刀,为增强导向作用,校准部分应做长些;对于机用铰刀,为减少机床主轴和铰刀同轴度误差的影响及避免扩大的摩擦,应做短些。

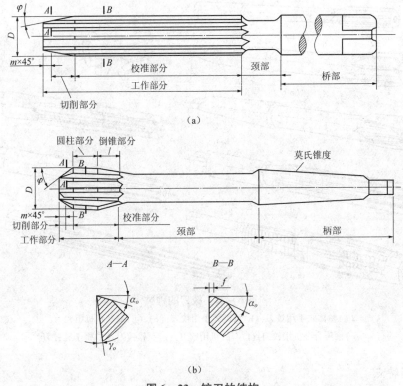

图 6-23 铰刀的结构

(a)手用;(b)机用

2. 铰刀的直径和公差

铰刀的直径和公差是指铰刀校准部分的直径和公差,因为被铰孔的尺寸和形状的精度最终是由它决定的。铰刀直径的基本尺寸应等于被铰孔直径的基本尺寸,而铰刀直径的公差则与被铰孔的公差、铰刀本身的制造公差、铰刀使用时所需的磨损储备量和铰削后可能产生的孔径扩张量或收缩量有关。

铰削时由于切削振动、刀齿的径向圆跳动、刀具与工件的安装偏差以及积屑瘤等原因,常会产生铰出的孔径大于铰刀直径的"扩张"现象;但是,有时也会因孔和工件弹性变形或热变形的恢复,而出现铰出的孔径小于铰刀直径的"收缩"现象。一般扩张量或收缩量为 $0.003 \sim 0.02$ mm。铰孔后是产生扩张还是收缩由经验或试验判定。经验表明,用高速钢铰刀铰孔一般会发生扩张,用硬质合金铰刀铰孔一般会发生收缩。

图 6-24(a)所示为产生扩张时铰刀直径及其公差分布图。被加工孔的最大直径与最小直径分别为 D_{wmax} 和 D_{wmin},若已知铰孔时产生的最大与最小扩张量分别为 P_{max} 和 P_{min},铰刀制造公差为 G,则铰刀制造时的最大和最小极限尺寸应为

$$d_{max} = D_{wmax} - P_{max} \tag{6-1}$$

$$d_{min} = D_{wmax} - P_{max} - G \tag{6-2}$$

若铰孔后产生收缩,其最大与最小收缩量分别为 P_{amax} 和 P_{amin},则由图 6-25(b)可得:

$$d_{max} = D_{wmax} + P_{amin} \tag{6-3}$$

$$d_{min} = D_{wmax} + P_{amin} - G \qquad (6-4)$$

通常规定：$G = 0.35IT$；最大扩张量 $P_{amax} = 0.15IT$；最小收缩量 $P_{amin} = 0.1IT$。其中 IT 为被加工孔的公差等级。

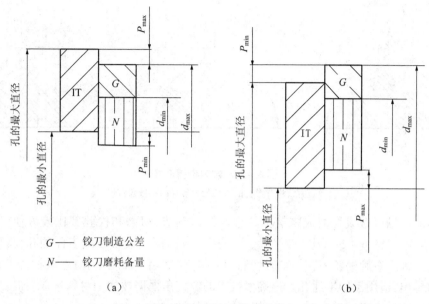

G —— 铰刀制造公差

N —— 铰刀磨耗备量

（a）　　　　　　　　　　　（b）

图 6-24　铰刀直径和公差

（a）孔径扩张；（b）孔径收缩

3. 铰刀的齿数和齿槽

铰刀齿数应根据直径大小、铰削精度和齿槽容屑空间要求而定，一般为 4～12 个。通常大直径铰刀取较多齿数；加工塑性材料取较少齿数，加工脆性材料取较多齿数。为了便于测量直径，铰刀齿数一般取偶数。

铰刀刀齿在圆周上分布有等齿距和不等齿距两种形式，如图 6-25 所示。等齿距分布制造简单，应用广泛；不等齿距分布在切削时可减少周期性振动。为便于制造，铰刀一般取等齿距分布。

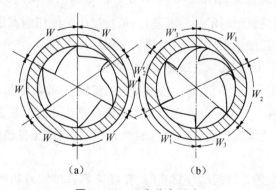

（a）　　　　　　　　　　　（b）

图 6-25　刀齿分布形式

（a）等齿距分布；（b）不等齿距分布

铰刀的齿槽形式有直线齿背形(图6-26(a))、圆弧齿背形(图6-26(b))和折线齿背形(图6-26(c))三种。高速钢铰刀制成直线齿背或圆弧齿背；硬质合金铰刀多采用折线齿背。直线齿背形状简单，能用标准角度铣刀铣制，制造容易。铰刀直径小于20 mm时，一般采用圆弧齿背。

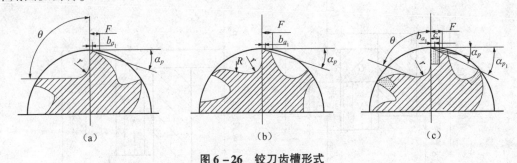

图6-26 铰刀齿槽形式
(a)直线齿背形；(b)圆弧齿背形；(c)折线齿背形

铰刀的齿槽可做成直槽或螺旋槽。直槽铰刀制造、刃磨和检验都比较方便，生产中常用；螺旋槽铰刀(图6-27)切削较平稳，主要用于铰削深孔或带断续表面的孔，其旋向有左旋和右旋两种。右旋槽铰刀在切削时切屑向后排出，适用于加工盲孔；左旋槽铰刀在切削时切屑向前排出，适用于加工通孔。螺旋槽铰刀的螺旋角根据被加工材料选取：加工铸铁时取7°～8°，加工钢件时取12°～20°，加工铝等轻金属时取35°～45°。

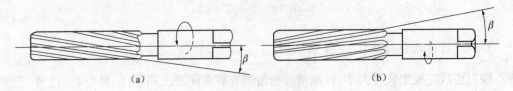

图6-27 铰刀螺旋槽方向
(a)右旋；(b)左旋

4. 铰刀的几何角度

对于铰刀，可把主偏角κ_r看成是切削部分半锥角。主偏角过大会使切削部分长度过短，使进给力增大并造成铰削时定心精度差；主偏角过小会使切削宽度加大，切削厚度变小，不利于排屑。机用铰刀，加工钢件等塑性材料，一般取$\kappa_r = 12°～15°$；加工铸铁等脆性材料，一般取$\kappa_r = 3°～5°$。手用铰刀，一般取$\kappa_r = 1°～1°30'$。

铰刀的前角一般取$\gamma_p = 0°～5°$，加工塑性材料的粗铰刀，前角可取$\gamma_p = 5°～15°$。

铰刀的后角一般取$\alpha_p = 5°～8°$。在铰刀校准部分磨出0.05～0.3 mm的刃带，这样不仅能够提高其使用寿命，还能保证良好的导向和修光作用，提高工件已加工表面质量，同时也有利于制造和检验。

一般铰刀没有刃倾角。铰削塑性材料时，在高速钢直槽铰刀切削部分的切削刃上磨出与铰刀轴线成15°～20°的轴向刃倾角λ_s，可使铰刀工作更平稳，还可使切屑排向工件的待加工表面，提高已加工表面的质量。

三、铰刀的刃磨与研磨

铰刀的切削厚度较小,磨损主要发生在后刀面上,为避免铰刀重磨后的直径减小或校准部分刃带宽度的减小,通常只重磨切削部分后刀面。铰刀刃磨通常在工具磨床上进行,如图 6−28 所示。重磨时铰刀轴线相对于工具磨床导轨倾斜一个角度,并使砂轮的端面相对于切削部分后刀面倾斜 1°~3°,以避免两者接触面过大而烧伤刀齿。磨削时,为使后刀面和砂轮都处于垂直位置,支承在铰刀前刀面的支承片应低于铰刀中心 h,其值为 $h = (d_o/2) \sin \alpha_o$,这样便可得到所要求的后角 α_o。重磨后的铰刀应用油石在切削部分和校准部分交接处研磨出宽度为 0.5~1 mm 的倒角,以提高铰削质量和铰刀寿命。

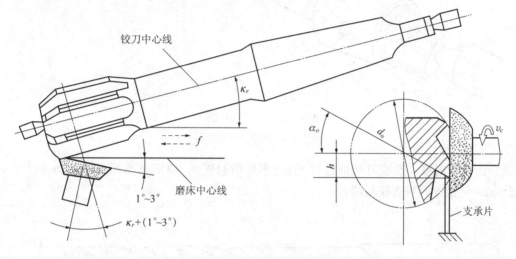

铰刀中心线

κ_r

f

1°~3°

磨床中心线

$\kappa_r+(1°~3°)$

α_o

d_o

h

v_c

支承片

图 6−28　铰刀的刃磨

工具厂供应的新铰刀,通常留有 0.01 mm 左右的直径研磨量,使用前须经研磨才能达到要求的铰孔精度。磨损了的铰刀可通过刃磨改制为铰削其他配合精度的孔。此外,在决定专用铰刀直径公差时,若扩张量与收缩量无法事先确定,则可将铰刀直径预先做的大一点,留有适当的研磨量,通过试切实测加以确定。铰刀的研磨可在车床上用铸铁研磨套沿校准部分刃带进行,如图 6−29 所示。研磨套用三个调节螺钉支承在外套的孔内。研磨套铣有开口斜槽,调节螺钉会使研磨套产生变形,与铰刀圆柱刃带轻微接触,并在接触面加入少量的研磨膏。研磨时,铰刀低速转动,研磨套沿轴向往复运动。

四、新结构铰刀

1. 大螺旋角推铰刀

如图 6−30 所示的推铰刀具有很小的主偏角和很大的螺旋角。与普通铰刀比较,其切削刃的工作长度明显增长,降低了单位切削刃上的切削力和切削温度,因而刀具寿命可提高 3~5 倍。用推铰刀铰孔时,由于螺旋角大,切屑沿前刀面流出速度很快,不易黏结在前刀面上,从而抑制了积屑瘤的形成,铰削时不会产生沟痕。另外,切屑流向待加工表面,不会出现

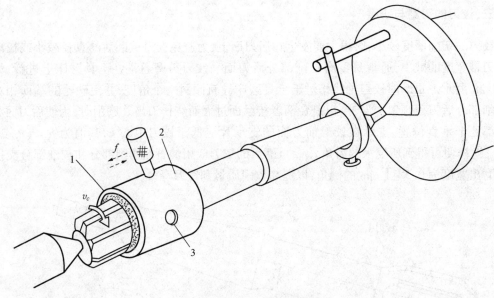

图 6 – 29　铰刀的研磨
1—研磨圈;2—外套;3—调节螺钉

切削划伤孔壁现象。推铰刀切削过程平稳,不易引起振动,加工表面粗糙度值为 $Ra1.6 \sim$ 0.8 μm。但推铰刀制造较困难。

图 6 – 30　大螺旋角推铰刀

2. 单刃铰刀

图 6 – 31 所示为焊接式硬质合金单刃铰刀,它利用单刃(单齿)切削、两个导向块支承和导向。刀具切削部分分为两段,主偏角 $\kappa_r = 15° \sim 45°$ 的主切削刃切去大部分余量,$\kappa_{r\varepsilon} = 3°$ 的过渡刃和圆柱校准部用作精铰;两个导向块则起导向、支承和挤压作用。导向块 2 与 3 相对于刀齿 1 的配置角度为 84° 和 180°。单刃铰刀的加工精度可达 IT8 ~ IT7,表面粗糙度值为 $Ra1.6 \sim 0.8$ μm,孔的圆度为 $0.003 \sim 0.008$ μm、直线度为 0.005 mm/100 mm。切削时,如使用 $0.3 \sim 32.5$MPa 的压力供给切削液,还能高速铰孔,切削速度可达 $80 \sim 150$ m/min,加工效率比多齿铰刀高 2 ~ 4 倍。

五、铰削用量

铰削用量包括铰削余量($2a_p$)、切削速度(v_c)和进给量(f)。

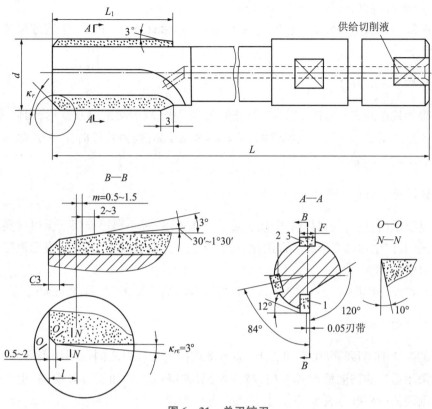

图6-31 单刃铰刀
1—刀齿;2,3—导向块

1. 铰削余量($2a_p$)

铰削余量是指上道工序(钻孔或扩孔)完成后留下的直径方向的加工余量。铰削余量不宜过大,因为铰削余量过大会使刀齿切削负荷增大、变形增大、切削热增加、被加工表面呈撕裂状态,致使尺寸精度降低、表面粗糙度值增大,同时加剧铰刀磨损。

铰削余量也不宜太小,否则,上道工序的残留变形难以纠正,原有刀痕不能去除,铰削质量达不到要求。选择铰削余量时应考虑到孔径大小、材料软硬、尺寸精度、表面粗糙度要求及铰刀类型等因素的综合影响。用普通标准高速钢铰刀铰孔时,可参考表6-2选取。

表6-2 铰削量　　　　　　　　　　　　　　(mm)

铰孔直径	<5	5~20	21~32	33~50	51~70
铰削余量	0.1~0.2	0.2~0.3	0.3	0.5	0.8

此外,铰削余量的确定,与上道工序的加工质量有直接关系。对铰削前预加工孔出现的弯曲、锥度、椭圆和不光洁等缺陷,应有一定限制。铰削精度较高的孔,必须经过扩孔或粗铰,才能保证最后的铰孔质量。所以确定铰削余量时还要考虑铰孔的工艺过程。如用标准铰刀铰削 $D<40$ mm、IT8级精度、表面粗糙度 $Ra1.25$ 的孔,其工艺过程是:钻孔—扩孔—粗铰—精铰。

精铰时的铰削余量一般为 0.1~0.2 mm。

用标准铰刀铰削 IT9 级精度（H9）、表面粗糙度值 $Ra2.5~\mu m$ 的孔,工艺过程是:钻孔—扩孔—铰孔。

2. 机铰切削速度(v_c)

为了得到较小的表面粗糙度值,必须避免产生刀瘤,减少切削热及变形,因而应采取较小的切削速度。用高速钢铰刀铰钢件时,$v_c = 4~8~m/min$;铰铸铁件时,$v_c = 6~8~m/min$;铰铜件时,$v_c = 8~12~m/min$。

3. 机铰进给量(f)

进给量要适当,过大铰刀易磨损,也会影响加工质量;过小则很难切下金属材料,对材料形成挤压,使其产生塑性变形和表面硬化,最后形成刀刃撕去大片切屑,使表面粗糙度增大,并加快铰刀磨损。

机铰钢件及铸铁件时,$f = 0.5~1~mm/r$;机铰铜和铝件时,$f = 1~1.2~mm/r$。

4. 铰孔时的冷却润滑

铰削的切屑细碎且易黏附在刀刃上,甚至挤在孔壁与铰刀之间而刮伤表面,扩大孔径。铰削时必须用适当的切削液冲掉切屑,减少摩擦,并降低工件和铰刀温度,防止产生刀瘤。铰孔时切削液的选用参考表 6-3。

表 6-3 铰孔时切削液的选用

加工材料	切削液
钢	1. 10%~20%乳化液; 2. 铰孔要求较高时,采用 30%煤油加 70%肥皂水; 3. 铰孔要求较高时,可采用苯油、柴油、猪油等
铸铁	1. 煤油(但会引起孔径缩小,最大收缩量为 0.02~0.04 mm); 2. 低浓度乳化液; 3. 也可不用
铝	煤油
铜	乳化液

5. 铰孔时的工作要点

(1)装夹要可靠。将工件夹正、夹紧。对薄壁零件,要防止夹紧力过大而将孔夹扁。

(2)手铰时,两手用力要平衡、均匀、稳定,以免在孔的进口处出现喇叭孔或孔径扩大;进给时,不要猛力推压铰刀,而应一边旋转、一边轻轻加压,否则,孔表面会很粗糙。

(3)铰刀只能顺转,否则切屑扎在孔壁和刀齿后刀面之间,既会将孔壁拉毛,又易使铰刀磨损,甚至崩刃。

（4）当手铰刀被卡住时，不要猛力扳转铰手，而应及时取出铰刀，清除切屑，检查铰刀后再继续缓慢进给。

（5）机铰退刀时，应先退出刀后再停车。铰通孔时铰刀的标准部分不要全出头，以防孔的下端被刮坏。

（6）机铰时要注意机床主轴、铰刀及待铰孔三者间的同轴度是否符合要求，对高精度孔，必要时应采用浮动铰刀夹头装夹铰刀。

6.2.5　镗削与镗刀

镗孔是利用镗刀对已钻出、铸出或锻出的孔进行加工的过程。对于直径较大的孔（一般 $D > 80$ mm ~ 100 mm）内成形面或孔内环形槽等，镗孔是主要的加工方法。

一、镗床及镗削运动

图 6 – 32 所示为常用的卧式镗床，其主要组成部分及各部分的运动关系（图中箭头）如图 6 – 32 所示。卧式镗床主要由床身、前立柱、主轴箱、主轴、平旋盘、工作台、后立柱和尾身等组成。

1. 主轴与平旋盘

主轴与平旋盘（图 6 – 32（b））可根据加工需要，分别由各自的传动链带动，独立地做旋转主运动。主轴可沿本身轴线移动，做轴向进给运动（ f_1 ）。其前端的锥孔可安装镗杆或其他刀具。平旋盘装在主轴外层，其上装有径向刀架，刀具可沿导轨做径向进给运动（ f_2 ）。

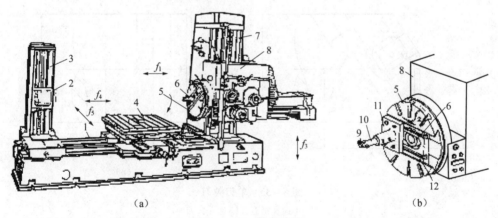

图 6 – 32　卧式镗床
1—床身；2—支承；3—后立柱；4—工作台；5—平旋盘；6—主轴；7—前立柱；
8—主轴箱；9—镗刀；10—刀杆；11—刀杆座；12—径向刀架

2. 前立柱和主轴箱

前立柱固定在床身的右端，主轴箱可沿前立柱上的垂直导轨升降，实现其位置调整或使刀架做垂直进给运动（ f_3 ）。

3.工作台

它装在床身的中部,由下滑座、上滑座和回转工作台 3 层组成。下滑座可沿床身导轨平行于主轴方向做纵向进给运动(f_4);上滑座可沿下滑座上的横向导轨垂直于主轴方向做横向进给运动(f_5);回转工作台可绕上滑座的环形导轨在水平平面内回转任意角度。

4.后立柱和尾架

后立柱上安装尾架,其作用是支承长镗刀杆,增加镗刀杆刚度。后立柱可沿床身导轨做水平移动,以适应不同镗杆长度。尾架可在后立柱的垂直导轨上与主轴箱同时升降,以便与主轴杆同轴,并镗削不同高度的孔。

此外,为了加工精度要求较高的各孔,卧式镗床的主轴箱和工作台的移动部分都有精密刻度尺和准确的读数装置。

二、镗刀

镗刀种类很多,按结构特点和使用方式一般可分为单刃镗刀和双刃镗刀。

1.单刃镗刀

单刃镗刀的刀头结构与车刀相似,只有一条切削刃,其结构简单、制造方便、通用性强,但刚度比车刀差。加工小直径孔的镗刀通常做成整体式,加工大直径孔的镗刀可做成机夹式或可转位式。新型的微调镗刀调节方便、调节精度高,这种刀具适用于坐标镗床、自动线和数控机床上精镗孔。图 6 – 33、图 6 – 34 所示为不同结构的单刃镗刀。

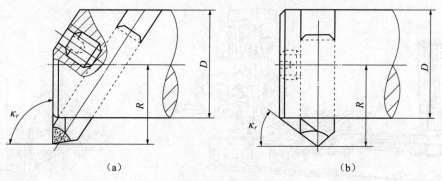

图 6 – 33　单刃镗刀

(a)不通孔镗刀;(b)通孔镗刀

2.双刃镗刀

双刃镗刀的两条切削刃在两个对称位置同时切削,可消除由径向切削力对镗杆的作用而造成的加工误差。这种镗刀是一种定直径尺寸刀具。切削时,孔的直径尺寸是由刀具保证的,刀具外径是根据工件孔径确定的,结构比单刃镗刀复杂,刀片和刀杆制造较困难,但生产率较高。所以适用于加工精度要求较高、生产批量大的场合。

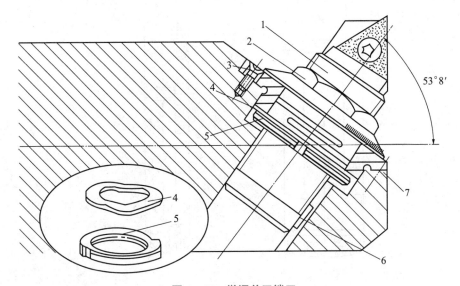

图 6 – 34　微调单刃镗刀

1—镗刀头;2—微调螺母;3—螺钉;4—波形垫圈;5—调节螺母;6—导向键;7—固定座套

双刃镗刀有固定式(图 6 – 35)和浮动式(图 6 – 36)两类,多用来镗削直径大于30 mm 的孔。固定式镗刀直径尺寸不能调节,刀片一端有定位凸肩,供刀片装在镗杆中定位使用,刀片用螺钉或楔块紧固在镗杆中。固定式镗刀刚性好,不易引起振动,容屑空间大,生产效率高,适用于粗镗和半精镗,还可用于锪沉头孔及端面的加工。

浮动式镗刀的直径尺寸可在一定范围内调节,并可自动定心。镗孔时,刀片不紧固在刀杆上,刀片位置通过切削时作用在两切削刃上的切削力平衡,实现刀片的自动定心,故可消除由于镗杆偏摆及刀片安装误差所造成的加工误差。但这种镗刀不能校正孔的直线度误差和孔的位置偏差。其优点是制造简单、刃磨方便,但不能加工 20 mm 以下的孔。在单件小批生产,特别是在通用机床上加工箱体零件上较高精度的大直径孔或孔系,浮动式双刃镗刀是常用的加工刀具。

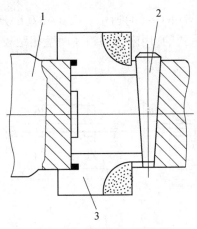

图 6 – 35　固定式双刃镗刀

1—刀杆;2—楔块;3—固定刀块

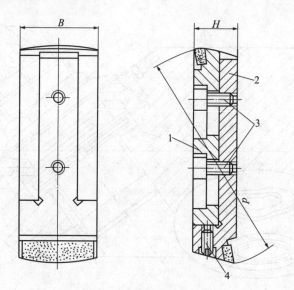

图 6 – 36　浮动式双刃镗刀

1—上刀体；2—下刀体；3—紧固螺钉；4—调节螺钉

三、卧式镗床的主要工作

1. 镗孔

镗床镗孔的方式如图 6 – 37 所示，按其进给形式可分为主轴进给和工作台进给两种方式。

主轴进给方式如图 6 – 37(a) 所示。在工作过程中，随着主轴的进给，主轴的悬伸长度是变化的，刚度也是变化的，易使孔产生锥度误差。另外，随着主轴悬伸长度的增加，其自重所引起的弯曲变形也随之增大，使镗出孔的轴线弯曲。因此，这种方式只适宜镗削长度较短的孔。

工作台进给方式如图 6 – 37(b) ~ (d) 所示。图 6 – 37(b) 所示为悬臂式的，用来镗削较短的孔；图 6 – 37(c) 为多支承式的，用来镗削箱体两壁相距较远的同轴孔系；图 6 – 37(d) 所示为用平旋盘镗大孔。

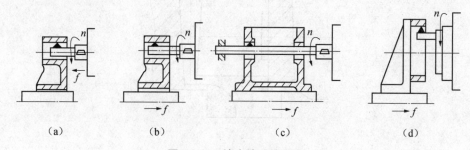

　（a）　　　　　　　（b）　　　　　　　　（c）　　　　　　　　（d）

图 6 – 37　镗床镗孔的方式

(a)主轴进给方式；(b)工作台悬臂式进给；(c)工作台多支承式进给；(d)工作台平旋盘式

镗床上镗削箱体上同轴孔系、平行孔系和垂直孔系的方法通常有坐标法和镗模法两种。图 6 – 38 所示为用镗模法镗削箱体孔系的情况。

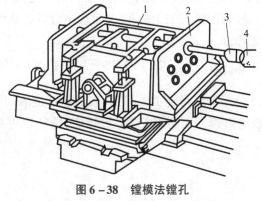

图 6 – 38　镗模法镗孔
1—工件;2—镗模;3—浮动接头;4—主轴

2. 镗床的其他工作

在镗床上不仅可以镗孔,还可以进行钻孔、扩孔、铰孔、铣平面、车外圆、车端面、切槽及车螺纹等工作,其加工方式如图 6 – 39 所示。

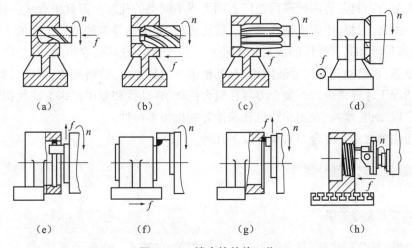

图 6 – 39　镗床的其他工作
(a)钻孔;(b)扩孔;(c)铰孔;(d)铣平面;(e)镗内槽;(f)车外圆;(g)车端面;(h)加工螺纹

四、镗削的工艺特点及应用

1. 镗床是加工机座、箱体、支架等外形复杂的大型零件的主要设备

在一些箱体上往往有一系列孔径较大、精度较高的孔,这些孔在一般机床上加工很困难,但在镗床上加工却很容易,并可方便地保证孔与孔之间、孔与基准平面之间的位置精度和尺寸精度要求。

2. 加工范围广泛

镗床是一种万能性强、功能多的通用机床，既可加工单个孔，又可加工孔系；既可加工小直径的孔，又可加工大直径的孔；既可加工通孔，又可加工台阶孔及内环形槽。除此之外，还可进行部分铣削和车削工作。

3. 能获得较高的精度和较低的粗糙度

普通镗床镗孔的尺寸公差等级可达 IT8 ~ IT7，表面粗糙度 Ra 值可达 $1.6 \sim 0.8\ \mu m$。若采用金刚镗床（因采用金刚石镗刀而得名）或坐标镗床，能获得更高的精度和更小的粗糙度值。

4. 生产率较低

机床和刀具调整复杂，操作技术要求较高，在单件、小批量生产中使用镗模生产率较低，在大批、大量生产中则须使用镗模以提高生产率。

6.2.6　孔加工复合刀具

孔加工复合刀具是将两把或两把以上同类或不同类的孔加工刀具组合成一体的专用刀具。它在一次加工过程中完成钻孔、扩孔、铰孔、锪孔和镗孔等多种不同工序的工艺组合，具有高效率、高精度和高可靠性的成形加工特点。由于复合刀具是专用的，需专门设计制造，而且制造复杂，重磨和调整尺寸较困难，与其他单个刀具比较，价格较贵，因此只有在成批大量生产的情况下才经济合理。复合刀具在组合机床、自动线和专用机床上应用很广泛，多用来加工汽车发动机、摩托、农用柴油机和箱体等的机械零部件。

通常使用的孔加工复合刀具具有以下几种。

一、按零件工艺类型分类

1. 同类工艺复合刀具

如复合钻、复合扩孔钻、复合铰刀和复合镗刀等，如图 6 - 40 所示。

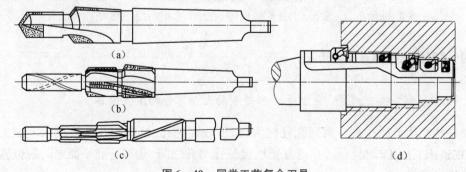

图 6 - 40　同类工艺复合刀具

（a）复合钻；（b）复合扩孔钻；（c）复合铰刀；（d）复合镗刀

2. 不同类工艺复合刀具

如钻—扩复合刀具、钻—镗复合刀具、钻—扩—铰复合刀具、钻—扩—锪复合刀具等,如图 6-41 所示。

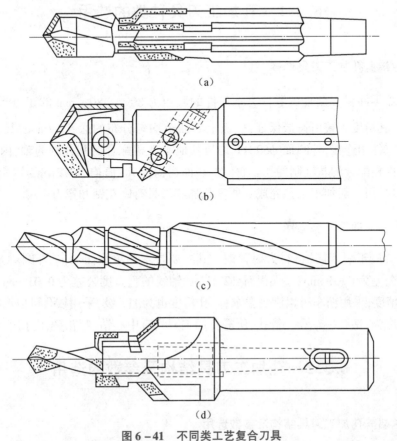

（a）

（b）

（c）

（d）

图 6-41　不同类工艺复合刀具

（a）钻—扩复合刀具；（b）钻—扩—铰复合刀具；（c）钻—攻复合刀具；

（d）钻—镗复合刀具；（e）钻—扩—锪复合刀具

二、按刀具的结构类型分

按结构可分为整体式、焊接式和装配式等。

6.3　任务实施

6.3.1　孔加工刀具种类的选用

一、法兰端盖孔加工刀具选择

法兰端盖零件属于盘套类零件。本零件的底板为 $80_{-1}^{\ 0} \times 80_{-1}^{\ 0}$ mm 的正方形，它的周边不需要加工，其精度直接由铸造保证，底板上有四个均匀分布的通孔 $\phi9$ mm，其作用是将法兰盘与其他零件相连接，外圆面 $\phi60d11$ 是与其他零件相配合的基孔制的轴，内圆面 $\phi47J8$ 是与其他零件相配合的基轴制的孔。它们的表面粗糙度 Ra 值均为 3.2μm，本零件的精度要求较低，可以采用一般加工工艺完成。所需孔加工刀具有麻花钻和镗刀。

二、轴承套孔加工刀具选择

该轴承套属于短套筒，材料为锡青铜。其主要技术要求为：$\phi34js7$ 外圆对 $\phi22H7$ 孔的径向圆跳动公差为 0.01 mm；左端面对 $\phi22H7$ 孔轴线的垂直度公差为 0.01 mm。轴承套外圆为 IT7 级精度，采用精车可以满足要求；内孔精度也为 IT7 级，采用铰孔可以满足要求。内孔的加工顺序为：钻孔—车孔—铰孔，所需孔加工刀具有中心钻、麻花钻、内孔车刀和铰刀。

6.3.2　孔加工刀具结构及参数的选用

一、法兰端盖孔加工刀具结构及参数选用

法兰端盖的 $4 \times \phi9$ mm 和 $2 \times \phi2$ mm 的孔分别用 $\phi9$ mm、$\phi2$ mm 的高速钢麻花钻加工完成，$\phi22_{0}^{+0.5}$ mm 的孔先用 $\phi20$ mm 的高速钢麻花钻钻底孔，再用 $\phi22$ mm 单刃镗刀（倾斜安装）加工到尺寸即可。$\phi40_{0}^{+0.5}$ mm 的孔可以在 $\phi22$ mm 孔的基础上再用镗刀（倾斜安装）加工到尺寸，$\phi47J8$ 的孔可以在 $\phi40$ mm 孔的基础上再用镗刀（倾斜安装）加工到尺寸。

二、轴承套孔加工刀具结构及参数选用

钻中心孔是为了便于定位，由于工序不是很复杂，选用无护锥中心钻即可。$\phi22H7$ 孔先用 $\phi20$ mm 麻花钻（高速钢）钻孔，再用内孔车刀车至 $\phi22_{-0.05}^{\ 0}$ mm，同时车出 $\phi24$ mm 内槽，最后用铰刀（高速钢）精加工至尺寸。

企业点评：

东方汽轮机厂钟成明高级工程师：孔加工时，主要解决排屑和冷却问题，同时要注意钻头、扩孔钻、铰刀等属于定尺寸刀具，要根据加工精度要求，注意成套使用；特别是铰削加工是一种微量切削，要根据加工工件材料、精度等情况，合理选取切削液。

复习思考题

1. 孔加工刀具按用途分为哪几类？各类常用刀具有哪些？

2. 麻花钻如何分类？简述麻花钻的应用场合和加工精度及表面质量。

3. 标准麻花钻由哪几部分构成？各部分的作用是什么？切削部分包括哪些几何参数？

4. 麻花钻的后角为什么要磨成内径处大、外径处小？

5. 麻花钻的刃磨角度有哪些？各自是如何定义的？

6. 为什么要对麻花钻进行修磨？有哪些修磨方法？各自适用于什么场合？

7. 群钻的刃形特征是什么？与普通麻花钻相比有什么优点？

8. 简述麻花钻和扩孔钻、扩孔加工和钻孔加工的区别。

9. 什么是深孔？深孔钻削与一般钻削有什么不同？主要解决哪几个问题？

10. 锪钻主要用于哪些场合？常用锪钻有哪些？

11. 与其他孔加工方法比较，镗孔的突出优点是什么？

12. 铰削加工的特点有哪些？

13. 确定铰刀直径公差时要考虑哪些因素？

14. 铰孔时产生孔径扩张或收缩的原因是哪些？

15. 什么是孔加工复合刀具？有何特点？常用的有哪几种？

教学单元 7　铣刀及选用

7.1　任务引入

图 7-1 所示为车床主轴箱,请仔细分析一下零件结构,要想完成主轴箱的主要平面的加工,需要选用哪类铣刀？铣削用量和铣削方式又该如何选择？

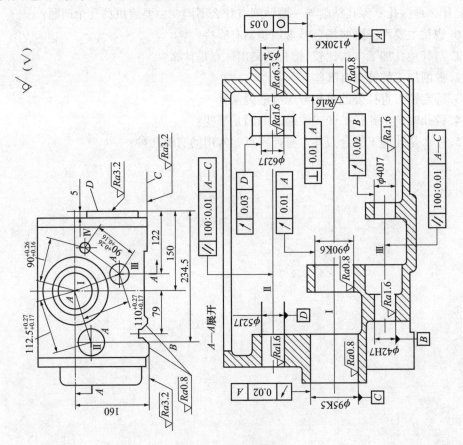

图 7-1　车床主轴箱

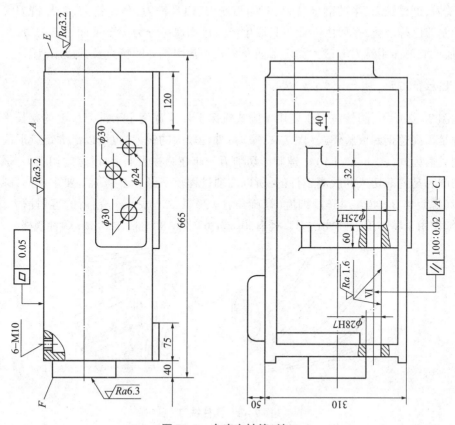

图 7 - 1　车床主轴箱(续)

7.2　相关知识

铣削是使用多齿旋转刀具进行切削加工的一种方法,常用来加工平面(包括水平面、垂直面和斜面)、台阶面、沟槽(包括直角槽、键槽、V 形槽、燕尾槽、T 形槽、圆弧槽、螺旋槽)、切断及成形表面等。铣刀的种类很多,在铣削加工中,用圆柱铣刀和面铣刀铣削平面具有代表性,故以圆柱铣刀和面铣刀为例,介绍铣刀的几何角度、铣削要素、铣削方式和铣削特点,以及常用铣刀的结构特点与应用等。

7.2.1　铣刀的种类及用途

铣刀是金属切削刀具中种类最多的刀具之一,属于多齿回转刀具,其每一个刀齿相当于一把车刀固定在铣刀的回转表面上,其切削加工特点与车削加工基本相同,但铣削是断续切削,切削厚度和切削面积随时在变化,所以铣削过程具有一些特殊规律。

一、铣刀的分类

铣刀的种类很多,可以按用途分类,也可以按齿背形式分类。常用的有圆柱铣刀、面铣

刀、立铣刀、键槽铣刀、半圆键槽铣刀、三面刃铣刀、模具铣刀、角度铣刀、锯片铣刀等。通用规格的铣刀已标准化，一般由专业工具厂生产。按用途可分为加工平面用铣刀、加工沟槽用铣刀、加工成形面用铣刀等三大类。下面介绍几种常用铣刀的特点及其适用范围。

1. 圆柱铣刀

如图 7-2 所示，圆柱铣刀主要用于卧式铣床上加工宽度小于铣刀长度的狭长平面。它一般都是用高速钢制成整体式（图 7-2(a)）；外径较大的铣刀，也可以镶焊螺旋形硬质合金刀片制成镶齿式（图 7-2(b)）。螺旋形切削刃分布在圆柱表面上，没有副切削刃，螺旋形的刀齿切削时是逐渐切入和脱离工件的，所以切削过程较平稳。根据加工要求不同，圆柱铣刀有粗齿（螺旋角 $\beta = 40° \sim 45°$）、细齿（螺旋角 $\beta = 30° \sim 35°$）之分。粗齿的容屑槽大，用于粗加工，细齿用于精加工。圆柱铣刀直径有 50 mm、63 mm、80 mm、100 mm 四种规格。

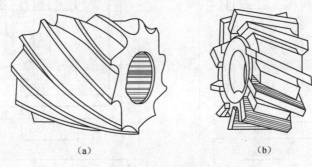

（a） （b）

图 7-2 圆柱铣刀

（a）整体式；（b）镶齿式

2. 面铣刀（又称端铣刀）

如图 7-3 所示，面铣刀主要用于立式铣床上加工平面，特别适合较大平面的加工。铣削时，铣刀的轴线垂直于被加工表面。面铣刀的主切削刃位于圆柱或圆锥表面上，断面切削刃为副切削刃。用面铣刀加工平面时，由于同时参加切削的刀齿较多，又有副切削刃的修光作用，故加工表面粗糙度值小，因此可以用较大的切削用量，生产率较高，应用广泛。小直径的面铣刀一般用高速钢制成整体式（图 7-3(a)），大直径的面铣刀是在刀体上装焊接式硬质合金刀头（图 7-3(b)），或采用机械夹固式可转位硬质合金刀片（图 7-3(c)）。

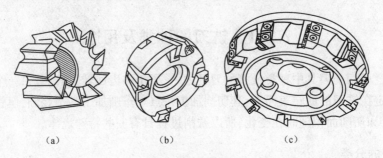

（a） （b） （c）

图 7-3 面铣刀

（a）整体式面铣刀；（b）镶焊接式硬质合金刀头面铣刀；（c）可转位硬质合金面铣刀

3. 立铣刀

如图 7 - 4 所示,立铣刀相当于带柄的小直径圆柱铣刀,一般由 3 ~ 4 个刀齿组成,圆柱面上的切削刃是主切削刃,端面上切削刃没有通过中心,是副切削刃,工作时不宜沿铣刀轴线方向做进给运动。它主要用于加工凹槽、台阶面以及利用靠模加工成形面。标准立铣刀按柄部结构有直柄、莫氏锥柄、7:24 锥柄等类型。用立铣刀铣槽时槽宽有扩张,故应选直径比槽宽略小的铣刀。

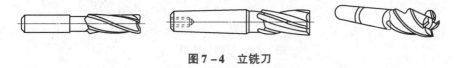

图 7 - 4　立铣刀

4. 键槽铣刀

如图 7 - 5 所示,它的外形与立铣刀相似,不同的是它在圆周上只有两个螺旋刀齿,其端面刀齿的刀刃延伸至中心,因为在铣两端不通的键槽时,可以做适量的轴向进给。它主要用来加工圆头封闭键槽,使用它加工时,要做多次垂直进给和纵向进给才能完成键槽加工。铣削时,圆周切削刃仅在靠近端面的一小段长度内发生磨损,重磨时只需刃磨端面切削刃,保证重磨后铣刀直径不变。

其他槽类铣刀还有 T 形槽铣刀(图 7 - 6)和燕尾槽铣刀(图 7 - 7)等。

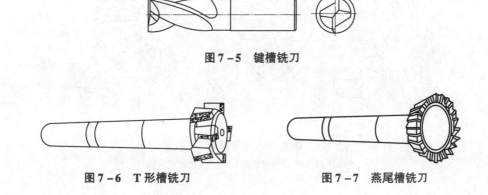

图 7 - 5　键槽铣刀

图 7 - 6　T 形槽铣刀　　　　　　图 7 - 7　燕尾槽铣刀

5. 三面刃铣刀

如图 7 - 8 所示,三面刃铣刀在刀体的圆周上及两侧环形端面上均有刀齿,所以称为三面刃铣刀。它主要用在卧式铣床上加工台阶面和一端或两端贯穿的浅沟槽。三面刃铣刀有直齿(图 7 - 8(a))和交错齿(图 7 - 8(b))之分,直径较大的常采用镶齿结构(图 7 - 8(c))。三面刃铣刀的圆周切削刃为主切削刃,两侧面切削刃是副切削刃,从而改善了两侧面的切削条件,提高了切削效率,减小了表面粗糙度值。但重磨后铣刀宽度尺寸变化较大,镶齿三面刃铣刀可解决这一问题。

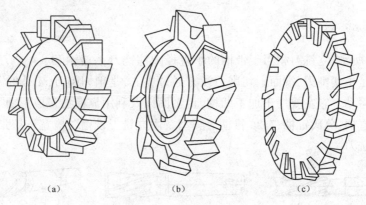

图7-8　三面刃铣刀

(a)直齿;(b)交错齿;(c)镶齿

6.角度铣刀

如图7-9所示,角度铣刀有单角铣刀(图7-9(a))和双角铣刀(图7-9(b),(c)),用于铣削带角度的沟槽和斜面。角度铣刀大端和小端直径相差较大时,往往造成小端刀齿过密,容屑空间较小,因此常将小端面刀齿间隔地去掉,使小端的齿数减少一半,以增大容屑空间。单角铣刀圆锥切削刃为主切削刃,端面切削刃为副切削刃。双角铣刀两圆锥面上的切削刃均为主切削刃,它又分为对称双角铣刀和不对称双角铣刀。

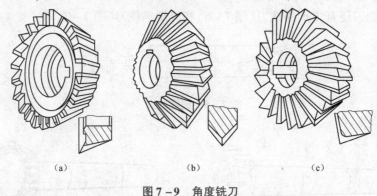

图7-9　角度铣刀

(a)单角铣刀;(b)对称双角铣刀;(c)不对称双角铣刀

7.锯片铣刀

如图7-10所示,这是薄片的槽铣刀,只在圆周上有刀齿,用于铣削窄槽或切断。它与切断车刀类似,对刀具几何参数的合理性要求较高。为了避免夹刀,其厚度由边缘向中心减薄,使两侧形成副偏角。

8.成形铣刀

如图7-11所示,成形铣刀是在铣床上用于加工成形表面的刀具,其刀齿廓形要根据被加工工件的廓形来确定。用成形铣刀可在通用的铣床上加工复杂形状的表面,并获得较高的精度和表面质量,生产率也较高。除此之外,还有仿形用的指状铣刀(图7-12)等。

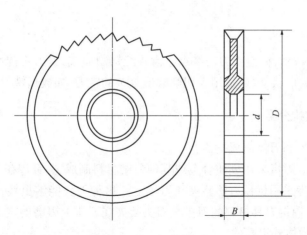

图 7 - 10　锯片铣刀

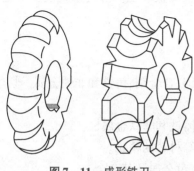

图 7 - 11　成形铣刀

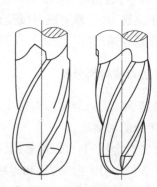

图 7 - 12　指状铣刀

二、按齿背形式分类

按齿背形式可分为尖齿铣刀和铲齿铣刀两大类,如图 7 - 13 所示。

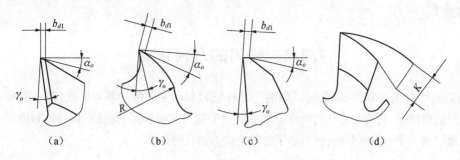

（a）　　　　　（b）　　　　　（c）　　　　　（d）

图 7 - 13　铣刀刀齿齿背形式

1. 尖齿铣刀

如图 7 - 13(a)、(b)、(c)所示,尖齿铣刀的特点是齿背经铣制而成,并在切削刃后磨出一条窄的后刀面,铣刀用钝后只需刃磨后刀面,刃磨比较方便。尖齿铣刀是铣刀中的一大类,上述铣刀除成形铣刀外基本为尖齿铣刀。

2. 铲齿铣刀

如图 7-13(d)所示,铲齿铣刀的特点是齿背经铲制而成,铣刀用钝后仅刃磨前刀面,易于保持切削刃原有的形状,因此适用于切削廓形复杂的铣刀,如成形铣刀。

三、按铣刀的结构分类

(1)整体式:刀齿和刀体制成一体。

(2)整体焊接式:刀齿采用硬质合金或其他耐磨材料制成,并钎焊在刀体上。

(3)镶齿式:刀齿采用机械方法装夹在刀体上。这种刀头能够更换,可以是整体刀具材料的刀头,也可以是焊接刀具材料的刀头。刀头装夹在刀体上刃磨的铣刀称为体内刃磨式,刀头单独刃磨的称为体外刃磨式。

(4)可转位式:将能够转位使用的多边形刀片采用机械方法装夹在刀体上。这种结构已广泛应用于立铣刀、三面刃铣刀以及成形铣刀等各类铣刀上。可转位式硬质合金铣刀现在已经使用得越来越广泛。

四、按铣刀的材料分类

(1)高速钢铣刀:通用性好,可用于加工结构钢、合金钢、铸铁和非铁金属。切削钢件时,必须浇注充分的切削液。

(2)硬质合金铣刀:可以高效的铣削各种钢、铸铁和非铁金属。

(3)陶瓷铣刀:用于淬硬钢和铸铁、有色金属等材料的精铣。

(4)金刚石铣刀:用于铣削塑料、复合材料、有色金属及其合金。

(5)立方氮化硼铣刀:用于半精铣及精铣高温合金、淬硬钢和冷硬铸铁。

除此之外,铣刀还可以按刀齿数目分为粗齿铣刀和细齿铣刀。在直径相同的情况下,粗齿铣刀的刀齿数较少,刀齿的强度和容屑空间较大,适用于粗加工;细齿铣刀适用于半精加工和精加工。

7.2.2　铣刀的几何角度

铣刀的种类、形状虽多,但都可以归纳为圆柱铣刀和面铣刀两种基本形式,每个刀齿可以看做是一把简单的车刀,故车刀几何角度定义也适用于铣刀。所不同的是铣刀回转、刀齿较多。因此只要通过对一个刀齿的分析,就可以了解整个铣刀的几何角度。

一、圆柱铣刀的几何角度

如图 7-14 所示,圆周铣削时,铣刀旋转运动是主运动,工件的直线移动是进给运动。圆柱铣刀的正交平面参考系 p_r、p_s 和 p_o 的定义可参考车削中规定。对于以绕自身轴线旋转做主运动的铣刀,它的基面 p_r 是通过切削刃选定点并包含铣刀轴线的平面,并假定主运动方向与基面垂直。切削平面 p_s 是通过切削刃选定点的圆柱的切平面。正交平面 p_o 是垂直于铣刀轴线的端剖面。

如果圆柱铣刀的螺旋角为 β，则前角 γ_o 与法向平面上的前角 γ_n、后角 α_o 与法向平面上的后角 α_n 之间的关系，可用下列公式计算：

$$\tan\gamma_n = \tan\gamma_o\cos\beta \tag{7-1}$$

$$\cos\alpha_n = \cot\alpha_o\cos\beta \tag{7-2}$$

对于螺旋齿圆柱铣刀，前角 γ_n 一般按被加工材料来选取，铣削钢时取 $\gamma_n = 10° \sim 20°$；铣削铸铁时取 $\gamma_n = 5° \sim 15°$。后角通常取 $\alpha_o = 12° \sim 16°$，粗铣时取小值，精铣时取最大值。螺旋角一般取粗齿圆柱铣刀 $\beta = 45° \sim 60°$；细齿圆柱铣刀 $\beta = 25° \sim 30°$。

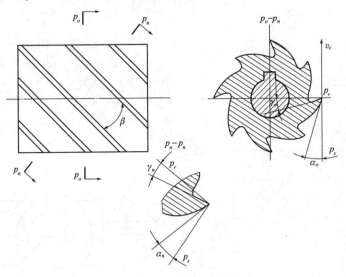

图 7-14　圆柱铣刀的几何角度

二、面铣刀的几何角度

由于面铣刀的每一个刀齿相当于一把车刀，因此，面铣刀的几何角度与车刀相似，其各角度的定义可参照车刀确定，如图 7-15 所示。

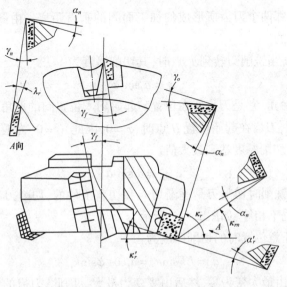

图 7-15　面铣刀的几何角度

7.2.3 铣削的切削层参数、铣削力

一、铣削的切削层参数

铣削时，铣刀相邻 2 个刀齿在工件上形成的加工表面之间的一层金属层称为切削层，切削层剖面的形状和尺寸对铣削过程有很大的影响。如图 7 - 16 所示，切削层要素有以下几个。

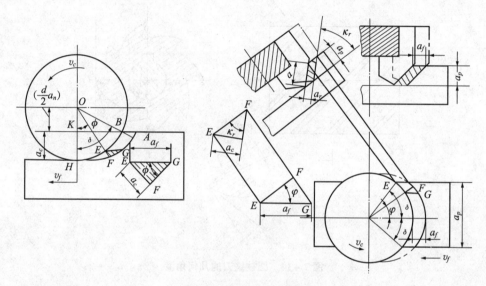

图 7 - 16   铣削切削层要素

1. 切削厚度 α_c

切削厚度是指相邻两个刀齿所形成的加工面间的垂直距离。由图 7 - 16 可知，铣削时切削厚度是随时变化的。

圆柱铣刀铣削时，当铣削刃转到 F 点时，其切削厚度为：

$$a_c = a_f \sin \varphi \tag{7-3}$$

式中 φ——瞬时接触角，它是刀齿所在位置与起始切入位置间的夹角。

由式(7 - 3)可知，刀齿在起始位置 H 点时，$\varphi = 0$，因此 $a_c = 0$，为最小值。刀齿即将离开工件到 A 点时，$\varphi = \delta$，切削厚度达到最大值。

$$a_{cmax} = a_f \sin \delta \tag{7-4}$$

螺旋齿圆柱铣刀铣削时切削刃是逐渐切入和切离工件的，切削刃上各点的瞬时接触角不同，因此切削厚度也不相等，如图 7 - 17 所示。

端铣时，刀齿在任意位置时的切削厚度为：

$$a_c = EF \sin \kappa_r = a_f \cos \varphi \sin \kappa_r \tag{7-5}$$

由于刀齿接触角由最大变为零，然后由零变为最大。因此，刀齿的切削厚度在刚切入工

件时为最小,然后逐渐增大,到中间位置为最大,以后又逐渐减小。故平均切削厚度应为

$$a_c a_v = a_f a_e \sin \kappa_r / d_\delta \qquad (7-6)$$

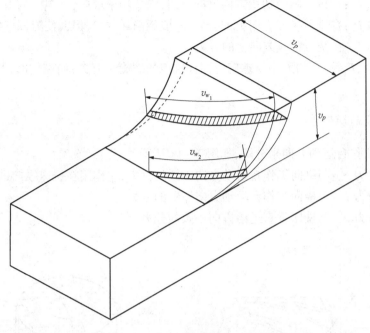

图7-17 螺旋齿圆柱铣刀切削层要素

2. 切削宽度 α_w

为主切削刃参加工作时的长度,如7-18所示,直齿圆柱铣刀的切削宽度与铣削吃刀量 a_p 相等。而螺旋齿圆柱铣刀的切削宽度是变化的。随着刀齿切入切出工件,切削宽度逐渐增大,然后又逐渐减小,因而铣削过程较为平稳。

端铣时,切削宽度保持不变,其值为

$$a_w = a_p / \sin \kappa_r \qquad (7-7)$$

3. 平均切削总面积 A_c

铣刀每个刀齿的切削面积:

$$A_c = a_c a_w \qquad (7-8)$$

铣刀同时有几个刀齿参加切削,切削总面积等于各个刀齿的切削面积之和。铣削时,铣削厚度是变化的,而螺旋齿圆柱铣刀的切削宽度也是变化的,并且铣削的同时工作齿数也在变化,所以铣削总面积是变化的。

二、铣削力

1. 铣削合力和分力

铣削时每个工作刀齿都受到切削力,铣削合力应是各刀齿所受切削力相加。由于每个

工作刀齿的切削位置和切削面积随时在变化。为便于分析，假定铣削力的合力 F_r 作用在某个刀齿上，并将铣削合力分解为 3 个互相垂直的分力，如图 7-18 所示。

（1）切向力 F_y：在铣刀圆周切线方向上的分力，消耗功率最多，是主切削力。

（2）径向力 F_x：在铣刀半径方向上的分力，一般不消耗功率，但会使刀杆弯曲变形。

（3）轴向力 F_z：在铣刀轴线方向上的分力。

圆周铣削时，F_x 和 F_y 的大小与螺旋齿圆柱铣刀的螺旋角有关；而端铣时，与面铣刀的主偏角 β 有关。

2. 工件所受的切削力

可按铣床工作台运动方向来分解，如图 7-18 所示。

（1）纵向分力 F_e：与纵向工作台运动方向一致的分力，它作用在铣床纵向进给机构上。

（2）横向分力 F_c：与横向工作台运动方向一致的分力。

（3）垂直分力 F_v：与铣床垂直进给方向一致的分力。

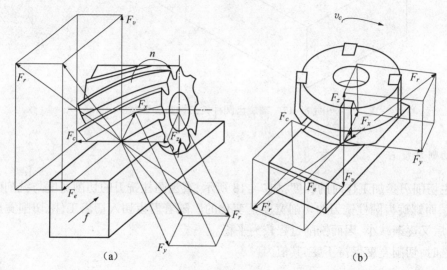

图 7-18　铣削力

（a）圆柱形铣刀铣削力；（b）面铣刀铣削力

7.2.4　铣削用量

如图 7-19 所示，铣削用量如下：

1. 背吃刀量 a_p

背吃刀量指平行于铣刀轴线测量的切削层尺寸。圆周铣削时，a_p 为被加工表面的宽度；端铣时，a_p 为切削层深度。

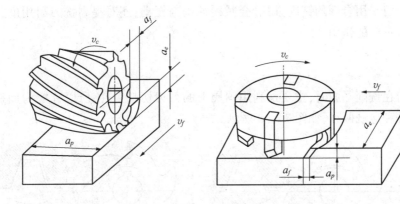

图 7 – 19　铣削用量

(a)圆周铣削;(b)端铣

2.侧吃刀量 a_e

侧吃刀量指垂直于铣刀轴线测量的切削层尺寸。圆周铣削时, a_e 为切削层深度;端铣时, a_e 为被加工表面宽度。

3.进给量

铣削时进给量有三种表示方法:

(1)每齿进给量 f_z,指铣刀每转过一个刀齿时,铣刀相对于工件在进给运动方向上的位移量,单位为 mm/z。

(2)进给量 f,指铣刀每转过一转时,铣刀相对于工件在进给运动方向上的位移量,单位为 mm/z。

(3)进给速度 v_f,指铣刀切削刃选定点相对工件的进给速度的瞬时速度,单位为 mm/min。

三者之间关系为

$$v_f = nf = nzf_z \tag{7-9}$$

式中　z——铣刀齿数;n——铣刀转速,单位 r/min。

4.铣削速度 v_c

铣削速度指铣刀切削刃选定点相对于工件主运动的瞬时速度,单位为 m/min。可按下式计算:

$$v_c = \pi dn/1\ 000 \tag{7-10}$$

式中　d——铣刀直径,单位为 mm;

　　　n——铣刀转速,单位为 r/min。

7.2.5　铣削方式

铣削属于断续切削,实际切削面积随时都在变化,因此铣削力波动大,冲击与振动大,铣

削平稳性差。但采用合理的铣削方式,会减缓冲击与振动,还对提高铣刀耐用度、工件质量和生产率具有重要的作用。

一、周铣

圆柱铣刀在铣削平面时,主要是利用圆周上的刀刃切削工件,所以称之为周铣,其铣削方式分为顺铣和逆铣两种,如图 7 - 20 所示。

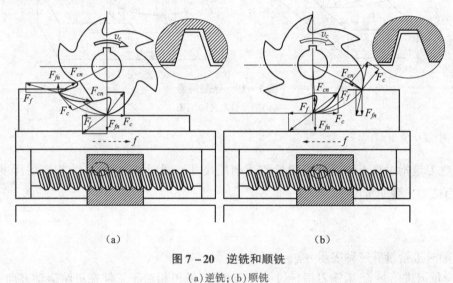

图 7 - 20　逆铣和顺铣

(a)逆铣;(b)顺铣

1. 逆铣

当铣刀切削刃与铣削表面相切时,若切点铣削速度的方向与工件进给速度的方向相反,称为逆铣。

逆铣具有如下特点:

(1)切削厚度由薄变厚。当切入时,由于刃口钝圆半径大于瞬时切削厚度,刀齿与工件表面进行挤压和摩擦,刀齿较易磨损。尤其当冷硬现象严重时,更加剧刀齿的磨损,并影响已加工表面的质量。

(2)刀齿作用于工件上的垂直进给分力 F_p 向上,有抬起工件的趋势,因此要求夹紧可靠。

(3)纵向进给力 F_f 与纵向进给方向相反,使铣床工作台进给机构中的丝杠与螺母始终保持良好的左侧接触,故工作台进给速度均匀,铣削过程平稳。

(4)逆铣时,刀齿是从切削层内部开始的,当工件表面有硬皮时,对刀齿没有直接的影响。

2. 顺铣

当铣刀切削刃与铣削表面相切时,若切点的铣削速度的方向与工件进给速度的方向相同,称为顺铣。

顺铣具有如下特点:

(1)切削厚度由厚变薄,容易切下切屑,刀齿磨损较慢,已加工表面质量高。有些实验表明,相对逆铣,刀具耐用度可提高 2 ~ 3 倍。尤其在铣削难加工材料时效果更加明显。

（2）刀齿作用于工件上的垂直进给分力 F_p，压向工作台，有利于夹紧工件。

（3）纵向进给分力 F_f 与纵向进给方向相同，当丝杠与螺母存在间隙时，会使工作台带动丝杠向左窜动，造成进给不均匀，会影响工件表面粗糙度，也会因进给量突然增大而容易损坏刀齿。

3.铣削方式的选择

综合所述逆铣和顺铣的特点，选择铣削方式的原则如下：

①因为顺铣无滑移现象，加工后的表面质量较好，所以顺铣多用于精加工。逆铣多用于粗加工。

②加工有硬皮的铸件、锻件毛坯时应采用逆铣。

③使用无丝杠螺母间隙调整机构的铣床加工时，也应该采用逆铣。

二、端铣

采用端面铣刀铣削工件时，主要是刀具端面的切削刃进行切削，故称为端铣。端铣刀在铣削平面时有许多优点，因此在目前的平面铣削中有逐渐以端铣刀来代替圆柱铣刀的趋势。根据端铣刀和工件间的相对位置不同，可分为对称铣削和不对称铣削两种不同的铣削方式。不对称铣削可以调节切入和切出时的切削厚度。不对称铣削又分为不对称顺铣和不对称逆铣，如图 7－21 所示。

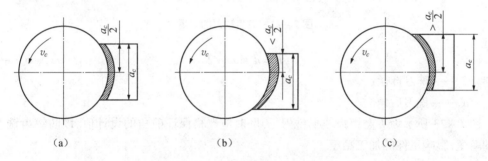

图 7－21 对称铣削和不对称铣削
（a）对称铣削；（b）不对称逆铣；（c）不对称顺铣

1.对称铣削

刀齿切入、切出工件时，切削厚度相同的铣削称为对称铣削。一般端铣时常用这种铣削方式。

2.不对称铣削

1）不对称逆铣

刀齿切入时的切削厚度最小，切出时的切削厚度最大。这种铣削方式切入冲击小，常用于铣削碳钢和低合金钢如9Cr2。

2）不对称顺铣

刀齿切入、切出时的切削厚度正好与不对称逆铣相反。这种铣削方式可减小硬质合金

的剥落破损,提高刀具耐用度,可用于铣削不锈钢和耐热合金如 2Cr13、1Cr18Ni9Ti。

三、铣刀的刃磨

尖齿铣刀刃磨后刀面,铲齿铣刀刃磨前刀面,一般在万能工具磨床上进行。图 7-22 所示为刃磨圆柱形铣刀,方法与刃磨铰刀相似。刀齿的前刀面由支承片支持着,并由其调节到齿的位置。为了磨出后角,刀齿应低于铣刀中心,其值 H 可按下式计算:

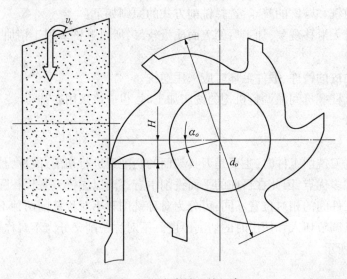

图 7-22　尖齿铣刀的刃磨

$$H = d_o \sin\alpha_o / 2 \qquad\qquad (7-11)$$

式中　　d_o——铣刀直径;

　　　　α_o——铣刀后角。

图 7-23 所示为刃磨铲齿成形铣刀,刃磨时应严格保证前角的设计值,以防铲齿铣刀刃形的畸变,影响工件的加工精度。

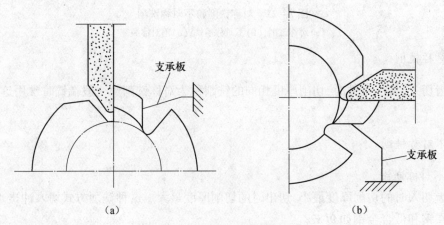

（a）　　　　　　　　　　　　　　　　　（b）

图 7-23　铲齿成形铣刀的刃磨

7.3 任务实施

7.3.1 铣刀的种类选择

箱体类零件是机器或箱体部件的基础件。它将机器或箱体部件中的轴、轴承、套和齿轮等零件按一定的相互位置关系装联在一起,按一定的传动关系协调地运动。因此,箱体类零件的加工质量,不但直接影响箱体的装配精度和运动精度,而且还会影响机器的工作精度、使用性能和寿命。如图 7-1 所示,主轴箱平面比较多,形位公差要求高,如顶面 A 要求平面度公差为 0.05,表面粗糙度要求也比较高,如 A、C、D、E、F 面都为 $Ra3.2\ \mu m$,导轨 B 面为 $Ra0.8\ \mu m$。加工大平面可以选用圆柱铣刀或者面铣刀,加工导轨面可以选用角度铣刀。

7.3.2 铣削用量及铣削方式的选择

一、铣削方式的选择

若用圆柱铣刀进行周铣,由于铣削进行的是粗加工,坯料是铸铁件,工件表层有硬化层,所以选用逆铣,切削过程也比较平稳。

若用面铣刀进行端铣的话,可以采用不对称逆铣,可以减小切入时的冲击,延长端铣刀的使用寿命。

二、铣削用量的选择

1. 切削深度的选择

对于端铣刀,切削深度就是铣削深度 a_p;对于圆柱铣刀切削深度就是铣削宽度 a_e。由于主轴箱工件表面有硬皮,铣 A、C、D、E、F 面时要分为粗铣和半精铣。粗铣时第一刀的铣削深度要超出硬皮的深度;工件表面粗糙度为 $Ra3.2\ \mu m$,留出半精铣余量 0.5~1 mm 后可一次走刀加工。导轨面要求表面粗糙度为 $Ra0.8\ \mu m$,分粗铣、半精铣、精铣三步铣削,半精铣余量 $a_p = 1.5~2$ mm,精铣余量 $a_p = 0.5$ mm。

2. 进给量的选择

铸铁件的硬度一般在 HBS180~220,选用高速钢圆柱铣刀时,铣削时每齿进给量推荐值为 0.15~0.25 mm/z;选用高速钢端铣刀时,齿进给量推荐值为 0.15~0.30 mm/z。

3. 切削速度

硬度范围在 HB150~225 时,高速钢铣刀的切削速度推荐值是 15~20 m/min;硬度范围在 HB230~290 时,高速钢铣刀的切削速度推荐值是 10~18 m/min。

企业点评：

东方电机股份有限公司吴伟教授级高工：铣削加工主要解决的是铣刀结构及几何参数、铣削方式、刀具路径的正确选择，以及安装方式及铣削用量的合理选用。要根据加工零件材料、精度要求等合理确定以上参数。

复习思考题

1. 按铣刀用途及结构特点叙述常用铣刀的类型及其适用范围。

2. 尖齿铣刀和铲齿铣刀有何不同？

3. 圆柱铣刀铣削时切削层参数是如何变化的？

4. 按铣床工作台运动方向来分，铣削分力分为哪几个力？

5. 圆柱铣刀的正交参考平面是如何定义的？

6. 铣削用量包括哪些？各是如何定义的？

7. 周铣和端铣各有几种铣削方式，试述各种铣削方式的特点。

8. 试述铣刀的刃磨方法。

教学单元8　磨削与砂轮

8.1　任务引入

如图5-1所示的阶梯轴和图7-1所示的车床主轴箱,请仔细分析零件的表面粗糙度要求,零件的哪些表面需要磨削,砂轮的结构类型和参数该如何选择?

8.2　相关知识

磨削加工是用磨料磨具(如砂轮、砂带、油石、研磨剂等)为工具在磨床上进行切削的一种加工方法,常用于精加工和超精加工,也可用于荒加工和粗加工等。磨削加工生产效率高,应用范围很广,可加工外圆、内圆、平面、螺纹、齿轮、花键、导轨和成形面,还可刃磨刀具和切断等。不仅能加工一般材料,如钢、铸铁等,还可加工一般刀具难以加工的材料,如淬火钢、硬质合金钢、陶瓷、玻璃及石材等。其加工精度可达 IT6 ~ IT4,表面粗糙度可达 $Ra0.8 \sim 0.02~\mu m$。

8.2.1　磨削方法

磨削过程就是砂轮表面上的磨粒对工件表面的切削、划沟和滑擦的综合作用过程。砂轮表面上的磨粒在高速、高温与高压下,逐渐磨损而钝化。钝化磨粒的切削能力急剧下降,如果继续磨削,作用在磨粒上的切削力将不断增大。当此力超过磨粒的极限强度时,磨粒就会破碎,形成新的锋利棱角进行磨削。当此力超过砂轮结合剂的黏结强度时,钝化磨粒就会自行脱落,使砂轮表面露出一层新鲜锋利的磨粒,从而使磨削加工能够继续进行。

一、外圆磨削

外圆磨削可以在普通外圆磨床或万能外圆磨床上进行,也可在无心磨床上进行,通常作为半精车后的精加工。外圆磨削的方法一般有四种:纵磨法、横磨法、深磨法和无心外圆磨法。

1.纵磨法

磨削时,工件做圆周进给运动,同时随工作台做纵向进给运动,使砂轮能磨出全部表面。每一纵向行程或往复行程结束后,砂轮做一次横向进给,把磨削余量逐渐磨去(图8-1)。

采用纵磨法,砂轮全宽上各处磨粒的工作情况是不同的。处于纵向进给方向前部的磨粒,担负主要的切削工作;而后部的磨粒,主要起磨光作用。由于没有充分发挥后面部分磨粒的切削能力,所以磨削效率较低。但由于后面部分磨粒的磨光作用,工件上残留面积大大减少,表面粗糙度较小。为了保证工件两端的加工精度,砂轮应越出工件磨削面 1/3 ~ 1/2 的砂轮宽度。另外,纵磨时磨削深度小,磨削力小,散热条件好,磨削温度低,而且精磨到最后可作几次无横向进给的光磨,能逐步消除由于机床、工件、夹具弹性变形而产生的误差,所以磨削精度较高。

纵磨法是常见的一种磨削方法,可以磨削很长的表面,磨削质量好。特别在单件、小批生产以及精磨时,一般都采用这种方法。

2. 横磨法(切入磨法)

采用横磨法,工件无纵向进给运动。采用一个比需要磨削的表面还要宽一些(或与磨削表面一样宽)的砂轮以很慢的送给速度向工件横向进给,直到磨掉全部加工余量(图 8 – 2)。

采用横磨法,砂轮全宽上各处磨粒的切削能力都能充分发挥,磨削效率较高。但因工件相对砂轮无纵向运动,相当于成形磨削,当砂轮因修整不好、磨损不均、外形不正确时,砂轮的形状误差直接影响到工件的形状精度。另外,因砂轮与工件的接触宽度大,因而磨削力大、磨削温度高。所以,工件刚性一定要好,而且要勤修整砂轮和供给充分的切削液。

横磨法主要用于磨削长度较短的外圆表面以及两边都有台阶的轴径。

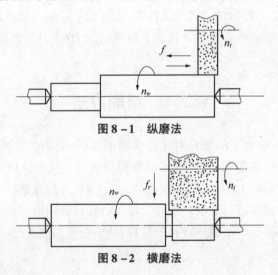

图 8 – 1　纵磨法

图 8 – 2　横磨法

3. 深磨法

这种磨削法的特点是全部磨削余量(直径上一般为 0.2 ~ 0.6 mm)在一次纵走刀中磨去。磨削时工件圆周进给速度和纵向送给速度都很慢,砂轮前端修整成阶梯形(图 8 – (3a))或锥形(图 8 – (3b))。修整砂轮时,最大直径的外圆要修整得很精细,因为它起精磨作用;其他阶梯修整得粗糙些,第一台阶深度应大于第二台阶。这样,相当于把整个余量分配给粗磨、半精磨与精磨。深磨法的生产率约比纵磨法高一倍,能达到 IT6 级公差等级,表面粗糙度的 Ra 值在 0.4 ~ 0.8 μm。但修整砂轮较复杂,只适于大批、大量生产,磨削允许砂轮越出被加工面两端较大距离的工件。

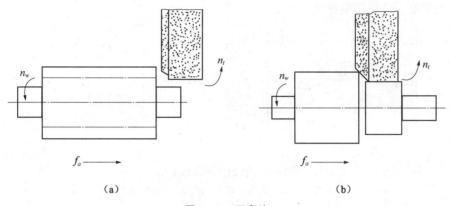

图 8-3　深磨法

(a)阶梯砂轮;(b)锥形砂轮

4.无心外圆磨削法

无心外圆磨的加工原理如图 8-4 所示。工件放在磨削砂轮和导轮之间,下方有一托板。磨削砂轮(也称为工作砂轮)旋转起切削作用,导轮是磨粒极细的橡胶结合剂砂轮。工件与导轮之间的摩擦力较大,从而使工件以接近于导轮的线速度回转。为了使工件定位稳定,并与导轮有足够的摩擦力矩,必须把导轮与工件接触部位修整成直线。因此,导轮圆周表面为双曲线回转面。无心外圆磨削在无心外圆磨床上进行。无心外圆磨床生产率很高,但调整复杂;不能校正套类零件孔与外圆的同轴度误差;不能磨削具有较长轴向沟槽的零件,以防外圆产生较大的圆度误差。因此,无心外圆磨削多用于细长光轴、轴销和小套等零件的成批、大量生产。

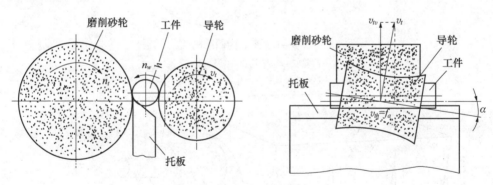

图 8-4　无心外圆磨

二、内圆磨削

内圆磨削除了在普通内圆磨床(图 8-5)或万能外圆磨床上进行外,对大型薄壁零件,还可采用无心内圆磨削(图 8-6);对重量大、形状不对称的零件,可采用行星式内圆磨削(图 8-7),此时工件外圆应先经过精加工。

内圆磨削由于砂轮轴刚性差,一般都采用纵磨法。只有孔径较大、磨削长度较短的特殊情况下,内圆磨削才采用横磨法。

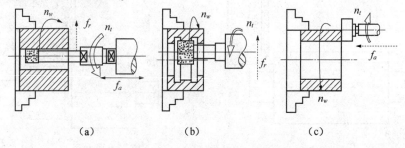

图 8-5　普通内圆磨床磨削

(a)纵磨法磨内孔;(b)切入法磨内孔;(c)磨端面

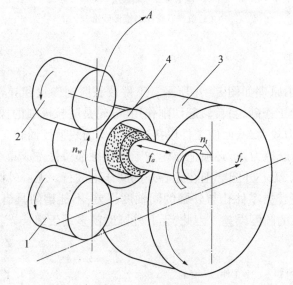

图 8-6　无心内圆磨削

1—滚轮;2—压紧轮;3—导轮;4—工件

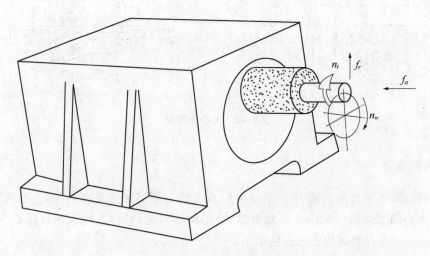

图 8-7　行星式内圆磨削

与磨外圆磨削相比,内圆磨削有以下一些特点:

(1)磨内圆时,受工件孔径的限制,只能采用较小直径的砂轮。如果砂轮线速度一样的话,内圆磨的砂轮转速要比外圆磨的提高 10～20 倍,即砂轮上每一磨粒在单位时间内参加切削的次数要多 10～20 倍,所以砂轮很容易变钝。另外,由于磨屑排除比较困难,磨屑常聚积在孔中容易堵塞砂轮。所以内圆磨削砂轮需要经常修整和更换,同时也降低了生产率。

(2)砂轮线速度低,工件表面就磨不光,而且限制了进给量,使磨削生产率降低。

(3)内圆磨削时砂轮轴细而长,刚性很差,容易振动。因此只能采用很小的切入量,既降低了生产率,也使磨出孔的质量不高。

(4)内圆磨削砂轮与工件接触面积大,发热多,而切削液又很难直接浇注到磨削区域,故磨削温度高。

综上所述,内圆磨削的条件比外圆磨削差,所以磨削用量要选得小些,另外应该选用较软的、粒度号小的、组织较疏松的砂轮,并注意改进操作方法。

三、平面磨削

零件上各种位置的平面,如互相平行的平面、互相垂直的平面和倾斜成一定角度的平面(机床导轨面、V 形面等),都可用磨削进行加工(图 8－8)。磨削后平面的表面粗糙度的 Ra 值在 $0.2～0.8~\mu m$,尺寸可达 IT5～IT6,对基面的平行度可达 $0.005～0.01~mm/500~mm$。

图 8－8(a)是周边磨削,其特点是砂轮与工件接触面小,磨削力小,排屑和冷却条件好,工件的热变形小,而且砂轮磨损均匀,所以工件的加工精度高。但是砂轮主轴悬臂工作,限制了磨削用量的选择,生产率较低。图 8－8(b)是端面磨削,其特点是砂轮与工件接触面大,主轴轴向受力,刚性较好,所以允许采用较大的磨削用量,生产率较高。但是端面磨削力大,发热量大,排屑和冷却条件较差,工件的热变形较大,而且砂轮磨损不均匀,所以工件的加工精度较低。

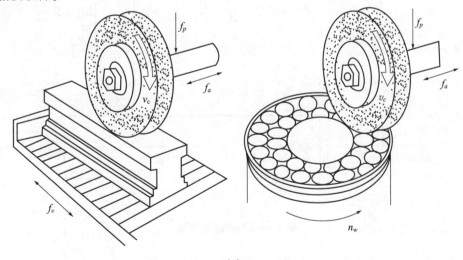

(a)

图 8－8 平面磨削

(a)周边磨削

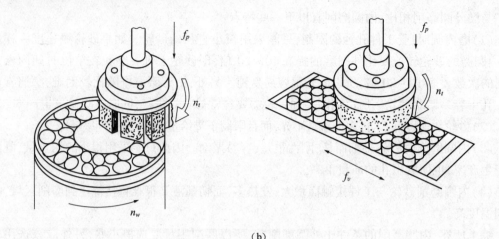

（b）

图8-8　平面磨削（续）

（b）端面磨削

8.2.2　磨削用量

生产中常用的有外圆、内圆和平面磨削，现以外圆磨削（图8-9）为例进行分析。

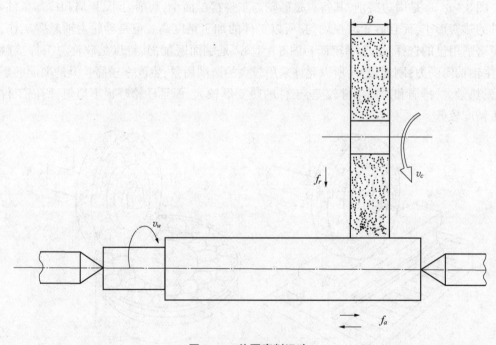

图8-9　外圆磨削运动

1. 主运动

砂轮旋转运动是主运动。砂轮旋转的线速度为磨削速度v_c（单位为 m/s）。一般v_c为

25 ~ 35 m/s。

2.进给运动

磨削时的进给运动一般有圆周进给、轴向进给及径向进给三种。

（1）圆周进给运动　即工件的旋转运动。用进给速度 v_w 表示（单位为 m/min）。粗磨时 v_w 为 20 ~ 30 mm/min；精磨时为 20 ~ 60 mm/min。

（2）轴向进给运动　即工件相对于砂轮的轴向运动。用进给量 f_a 表示。f_a 指工件每转一转，工件相对于砂轮的轴向移动量（单位为 mm/r）。粗磨时 f_a 为 $(0.3 ~ 0.7)B$；精磨时为 $(0.3 ~ 0.4)B$（B 为砂轮宽度，单位为 mm）。

（3）径向进给运动　即砂轮切入工件的运动。用进给量 f_r 表示。f_r 指工作台每单行程或双行程，砂轮切入工件的深度（磨削深度）（单位为 mm/单行程或 mm/双行程）。粗磨时 f_r 为 0.015 ~ 0.05 mm/单行程或 0.015 ~ 0.05 mm/双行程；精磨时 0.005 ~ 0.01 mm/单行程或 0.005 ~ 0.01 mm/双行程。

8.2.3　砂轮结构与选择

砂轮是磨削加工中最常用的工具，它是由结合剂将磨料颗粒黏结而成的多孔体。磨料起切削作用，结合剂把磨料结合起来，经压坯、干燥、焙烧，使之具有一定的形状和硬度。结合剂并未填满磨料之间的全部空间，因而有气孔存在，如图 8 – 10 所示。

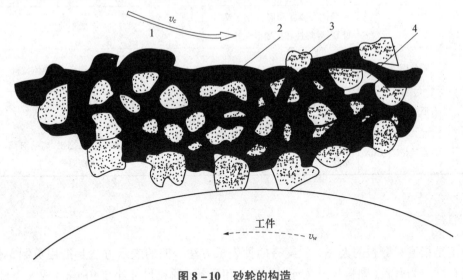

图 8 – 10　砂轮的构造
1—砂轮；2—结合剂；3—磨粒；4—气孔

一、砂轮的组成要素

磨料、结合剂、气孔构成了砂轮的组成三要素。砂轮的特性由磨料的种类、磨料颗粒的大小、结合剂的种类、砂轮的硬度和砂轮的组织这五个基本参数所决定。

1. 磨料

磨料分为天然磨料和人造磨料两大类。一般天然磨料含杂质多、质地不匀，目前主要使用人造磨料。常用的磨料有氧化物系、碳化物系、超硬磨料系。各种磨料的特性及适用范围见表 8 - 1。

表 8 - 1 常用磨料的特性及使用范围

系列	磨料名称	代号	特性	使用范围
氧化物系	棕刚玉	A	棕褐色。硬度大、韧性大、价廉	碳钢、合金钢、可锻铸铁、硬青铜
	白刚玉	WA	白色。硬度高于棕刚玉，韧性低于棕刚玉	淬火钢、高速钢、高碳钢、合金钢、非金属及薄壁零件
	铬刚玉	PA	玫瑰红或紫红色。韧性高于白刚玉，磨削粗糙度小	淬火钢、高速钢、轴承钢及薄壁零件
	单晶刚玉	5A	浅黄色或白色。硬度和韧性高于白刚玉	不锈钢、高钒高速钢等高强度、韧性大的材料
	锆刚玉	ZA	黑褐色。强度和耐磨性都高	耐热合金钢、钛合金钢和奥氏体不锈钢
	微晶刚玉	MA	棕褐色。强度和韧性良好	不锈钢、轴承钢、特种球墨铸铁，适用于高速精密磨削
碳化硅系	黑碳化硅	C	黑色有光泽。硬度比白刚玉高，性脆而锋利，导热性和抗导电性好	铸铁、黄铜、铝、耐火材料及非金属材料
	绿碳化硅	CC	绿色。硬度和脆性比黑碳化硅高，导热性和抗导电性好	硬质合金、宝石、玉石、陶瓷、玻璃
	碳化硼	BC	灰黑色。硬度比黑、绿碳化硅高，耐磨性好	硬质合、金宝石、玉石、陶瓷、半导体材料
高硬磨料系	人造金刚石	D	无色透明或淡黄色、黄绿色、黑色。硬度高，比天然金刚石略脆	硬质合金、宝石、光学材料、石材、陶瓷、半导体材料
	立方氮化硼	CBN	黑色或淡白色。立方晶体，硬度略低于金刚石，耐磨性高，发热量小	硬质合金、高速钢、高钼、高钒、高钴钢、不锈钢、镍基合金钢及各种高温合金

2. 粒度

粒度是指磨料颗粒的大小。粒度有两种表示方法。旧的表示方法是沿用英制单位，按大小把粒度分为磨粒（颗粒尺寸大于 40 μm）和微粉（颗粒尺寸小于 40 μm）两大类。磨粒（制砂轮用）用筛选法分类，它的粒度号以筛网上每英寸长度内的孔眼数来表示。例如 60 号粒度的磨粒，说明能通过每英寸 60 个孔眼的筛网，而每英寸 70 个孔眼的筛网就不能通过。粒度号越大，磨粒的实际尺寸越小。微粉（供研磨用）用显微测量法分类，其粒度号是在微粉实际尺寸前加 W 来表示。数值越大，微粉颗粒尺寸越大。我国在新标准中采用米制单位，磨粒的大小统一以磨粒最大尺寸方向上的尺寸来表示。

磨料粒度对磨削生产率和表面粗糙度有很大的影响。一般来说，粗磨用粗磨粒，以保证较高的生产率;精磨用细磨粒,以减低磨削表面粗糙度值。加工软材料和磨削面积大时,为避免堵塞砂轮和产生烧伤(磨削时工件表面出现各种带色斑点的现象称为烧伤),采用粗磨粒;磨削硬材料,则应选用细磨粒。微粉用于精细磨削和光整加工。磨料的粒度号和适用范围见表 8 - 2。

表 8 - 2 常用磨料粒度及适用范围

类别		粒度号	适用范围
磨粒	粗粒	4,5,6,7,8,10,12,14,16,20,22,24	荒磨
	中粒	30,36,40,46	一般磨削,加工表面粗糙度可达 $Ra0.8\ \mu m$
	细粒	54,60,70,80,90,100	半精磨,精磨和成形磨削,加工表面粗糙度可达 $Ra0.8 \sim 0.1\ \mu m$
	微粒	120,150,180,220,240	精磨,精密磨,超精磨,成形磨,刀具刃磨,珩磨
微粉	W63,W50,W40,W28		精磨,精密磨,超精磨,珩磨,螺纹磨
	W20,W14,W7,W5,W3.5,W2.5,W1.5,W1.0,W0.5		超精磨,镜面磨,精研,加工表面粗糙度可达 $Ra0.05 \sim 0.01\ \mu m$

3.结合剂

结合剂是将磨粒黏结成各种形状及尺寸砂轮的材料。它的性能决定了砂轮的强度、耐冲击性、耐腐蚀性、耐热性和砂轮寿命等。此外,结合剂对磨削温度和磨削表面质量也有一定的影响。常用的结合剂的名称、代号、性能及适用范围见表 8 - 3。

表 8 - 3 常用的结合剂的类型及使用范围

名称	代号	特性	适用范围
陶瓷结合剂	V	耐热、耐油和耐酸碱的侵蚀,强度较高,但性较脆	适用范围最广,除切断砂轮外的大多数砂轮
树脂结合剂	B	强度高并富有弹性,但坚固性和耐热性差,不耐酸、碱。不宜长期存放	高速磨削、切断和开槽砂轮;镜面磨削的石墨砂轮;对磨削烧伤和磨削裂纹特别敏感的工序;荒磨砂轮
橡胶结合剂	R	具有弹性、密度大,但磨粒易脱落,耐热性差,不耐油,不耐酸,有臭味	无心磨床的导轮,切断、开槽和抛光砂轮
金属结合剂	M	型面的成形性好,强度高,有一定的韧性,但自励性差	金刚石砂轮,珩磨、半精磨硬质合金,切断光学玻璃、陶瓷及半导体材料

4.硬度

砂轮的硬度是指在磨削力作用下,磨粒从砂轮表面上脱落的难易程度。如磨粒容易脱

落,表明砂轮硬度低,称之为软;反之则表明砂轮硬度高,称为硬。当硬度选择合适时,砂轮具有自锐性,即磨削中磨钝的磨粒能自动脱落,而使新磨粒露出表面,从而保持砂轮的正常切削能力。

砂轮的硬度与磨粒的硬度是两个不同的概念,砂轮的软硬主要由结合剂的黏结强度决定,与磨粒本身的硬度无关。相同硬度的磨粒,可以制成不同硬度的砂轮。

砂轮硬度对磨削质量、生产率和砂轮损耗都有很大影响。砂轮硬度的选择主要根据工件材料的性质和具体的磨削条件来考虑。一般来说,磨削硬材料,应选用软砂轮;磨削软材料,应选用硬砂轮。粗磨选软砂轮;精磨选硬砂轮。磨削非铁金属时,应选用较软砂轮,以免切屑堵塞砂轮。在精磨和成形磨削时,应选用较硬砂轮。砂轮的硬度等级名称及代号见表8-4。

表8-4　砂轮硬度等级名称及代号

等级	大级	超软	软			中软		中		中硬			硬		超硬
	小级	超软	软1	软2	软3	中软1	中软2	中1	中2	中硬1	中硬2	中硬3	硬1	硬2	超硬
原代号		CR	R1	R2	R3	ZR1	ZR2	Z1	Z2	ZY1	ZY2	ZY3	Y1	Y2	CY
新代号		D E F	G	H	J	K	L	M	N	P	Q	R	S	T	Y
选择		磨未淬硬钢选用 L~N,磨淬火合金钢选用 H~K,高表面质量磨削时选用 K~L,刃磨硬质合金刀选用 H~J													

5. 组织

砂轮的组织表示磨粒、结合剂和气孔三者的体积比例关系,也表示砂轮结构的紧密或疏松程度。磨粒在砂轮体积中所占比例越小,砂轮的组织就越疏松,气孔越多;反之,组织越紧密。气孔可以容纳切屑,使砂轮不易堵塞,还可把切削液带入磨削区,降低磨削温度。但过于疏松会影响砂轮强度,不易保持砂轮的轮廓形状,增大磨削表面粗糙度。粗磨、磨削塑料材料、软金属及大面积磨削时,应选用组织疏松的砂轮;精磨、成形磨削时,应选用组织紧密的砂轮。

根据磨粒在砂轮中占有的体积百分数(称磨粒率),砂轮组织分为紧密、中等、疏松三大类,细分为0~14号,其中0~3号属紧密型,4~7号为中等,8~14号为疏松。中等组织的砂轮适用于一般磨削。砂轮的组织号及选用见表8-5。

表8-5　砂轮组织号及选用

组织号	0	1	2	3	4	5	6	7	8	9	10	11	12	13	14
磨粒率/%	62	60	58	56	54	52	53	48	46	44	42	40	38	36	34
用途	成形磨削,精密磨削				磨削淬火钢,刃磨刀具				磨韧性好、硬度低的材料					磨削热敏性高的材料	

6. 砂轮的形状、尺寸及用途

根据不同的用途,按照磨床类型、磨削方式以及工件的形状和尺寸等,将砂轮制成不同的形状和尺寸,并已经标准化。常用砂轮的形状、代号及用途见表 8-6。

在生产中,为便于对砂轮进行管理和选用,通常将砂轮的形状、尺寸和特性参数印在砂轮端面上,其顺序为形状、尺寸、磨料、粒度号、硬度、组织号、结合剂和允许的最高工作圆周线速度。其中尺寸一般为外径×厚度×内径。例如,砂轮 P300×30×75WA60L5V35,即代表该砂轮是平形,外径为 300 mm,厚度为30 mm,内径为 75 mm,白刚玉磨料,60 号粒度,中软硬度,5 号组织,陶瓷结合剂,最高线速度为 35 mm/s。

表 8-6 常用砂轮形状、代号及用途

砂轮名称	代号	断面形状	主要用途
平行砂轮	1		外圆磨、平面磨、无心磨、工具磨
薄片砂轮	41		切断及切槽
筒形砂轮	2		端磨平面
碗形砂轮	11		刃磨刀具、磨导轨
碟形 1 号砂轮	12a		磨铣刀、铰刀、拉刀、磨齿轮
双斜边砂轮	4		磨齿轮及螺纹
杯形	6		磨平面、内圆、刃磨刀具

二、砂轮的磨削与修整

1. 砂轮的磨损

砂轮的磨损可分为磨耗磨损和破碎磨损。磨耗磨损是由于磨粒与工件之间的摩擦引起的,一般发生在磨粒与工件的接触处。在磨损过程中,磨粒逐渐变钝,并形成磨损小平面。当变钝的磨粒逐渐增多时,磨削力随之增大,如不及时修整砂轮,将出现工件表面烧伤、振颤等后果。破碎磨损是由磨粒的破碎或者结合剂的破碎而引起的。表现为磨粒破碎或磨粒脱落。破碎磨损的程度取决于磨削力的大小和磨粒或结合剂的强度。磨削过程中,若作用在

磨粒上的应力超过磨粒本身的强度时,磨粒上的一部分就会以微小碎片的形式从砂轮上脱落,形成磨粒破碎磨损。由于砂轮结合剂破坏,会形成磨粒脱落磨损。

2.砂轮的修整

新砂轮使用一段时间后,磨粒逐渐变钝,由于磨削过程中砂轮不可能时时具有自锐性,且磨屑和碎磨粒会堵塞砂轮工作表面空隙,致使砂轮丧失外形精度和切削能力。所以,砂轮工作一段时间后必须进行修整。砂轮需进行修整(达到寿命)的判别依据:砂轮磨损量达到一定数值时会使工件发生振颤、表面粗糙度值突然增加或表面烧伤。

修整砂轮常用的工具有单粒金刚石笔、多粒细碎金刚石笔和金刚石滚轮,如图8-11所示。应用最多的是用单粒金刚石笔,其修整过程相当于用金刚石车刀车削砂轮外圆,如图8-12所示。多粒金刚石笔修整效率较高,所修整的砂轮磨出的工件表面粗糙度较小。金刚石滚轮修整效率更高,适用修整成形砂轮。修整时,应根据不同的磨削条件,选择不同的修整用量。一般砂轮的单边总修整量为 $0.1 \sim 0.2$ mm。

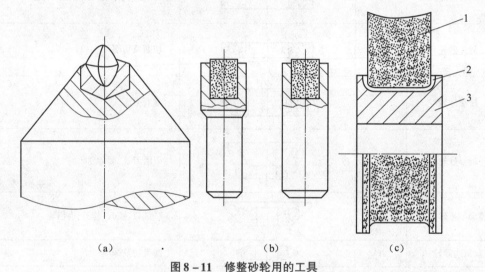

（a）　　　　　　　　　　（b）　　　　　　　　　（c）

图8-11　修整砂轮用的工具

（a）单粒金刚石笔;（b）多粒细碎金刚石笔;（c）金刚石滚轮

1—被修整砂轮;2—金刚石;3—轮体

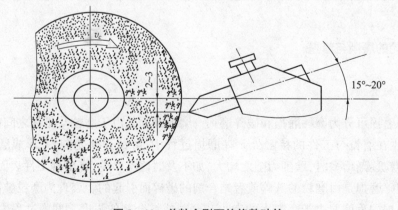

图8-12　单粒金刚石笔修整砂轮

三、磨削加工的特点

磨削加工与其他切削加工方法如车削、铣削等比较,具有以下特点:

(1)能获得高的加工精度和小的表面粗糙度值　加工精度可达 IT6～IT4,表面粗糙度值可达 $Ra0.8～0.02\ \mu m$。磨削加工不仅可以精加工,而且可以进行粗磨、荒磨、重载荷磨削。

(2)能加工高硬度材料　磨削不仅可以加工铸铁、碳钢、合金钢等一般材料,还可以加工一般刀具难以切削的高硬度材料,如淬火钢、硬质合金、玻璃和陶瓷材料等。但对于塑性很大,硬度很低的非铁金属及其合金,因其切屑易堵塞砂轮孔隙而使砂轮丧失切削能力,一般不宜磨削,如纯铜、纯铝等。

(3)磨削温度高　磨削时磨削区温度可高达 800℃～1 000℃,很容易引起工件的热变形和烧伤。所以在磨削过程中,需要进行充分的冷却,以降低磨削温度。

(4)砂轮在磨削时具有"自锐作用"　在磨削力的作用下部分磨钝的磨粒能自动脱落,从而形成新的切削刃口,使砂轮保持良好的磨削性能。

(5)磨削的背向力(径向力)大　磨削时背向力 F_p 很大,是切向力 F_c 的 1.6～3.2 倍。这是磨削与普通切削的明显不同,它使工件变形增大。在 F_p 力的作用下,工艺系统将产生弹性变形,使得实际磨削深度比名义磨削深度小。因此在磨去主要加工余量以后,随着磨削力的减小,工艺系统弹性变形恢复,应继续光磨一段时间,直至磨削火花消失。

由于以上的特点,磨削主要用于对机器零件、刀具、量具等进行精加工。经过淬火的零件,几乎只能用磨削来进行精加工。由于现代机器上零件的精度要求不断提高,表面粗糙度要求越来越小,很多零件必须用磨削来进行最后精加工,所以磨削在现代机器制造中占有很大比重。而且随着精密毛坯制造技术的发展和高生产率磨削方法的应用,使某些零件不需经其他切削加工,而直接由磨削加工完成,这将使磨削加工在大批量生产中得到广泛的应用。目前在工业发达国家,磨床已占到机床总数的 30%～40%,而且还有不断增加的趋势。

8.2.4　先进磨削方法简介

以提高效率为目的的先进磨削方法常见的有高速磨削、强力磨削、超精密磨削、镜面磨削以及砂带磨削。

一、高速磨削

普通磨削时,砂轮线速度常为 25～35 m/s。当砂轮线速度提高到 50 m/s 以上时即称为高速磨削。大于 150 m/s 属于超高速磨削。目前国内砂轮线速度普遍采用 50～60 m/s。我国高速磨床的磨削速度可达 80～120 m/s,发达国家的磨削速度可达 200 m/s 以上。高速磨削的主要优点是生产率高、砂轮寿命长、加工精度高和表面粗糙度值小。高速磨削生产率一般可提高 30%～100%,砂轮寿命提高 0.7～1 倍,工件表面粗糙度值可稳定地达到 $Ra0.8～0.4\ \mu m$。高速磨削目前已应用于各种磨削工艺,不论是粗磨还是精磨,单件小批还是大批大量生产,均可采用。但高速切削对磨床、砂轮、切削液供应均需提出相应的要求。

高速磨削时的注意事项:

（1）砂轮主轴转速必须随线速度的提高而相应地提高，砂轮电动机功率要比一般电动机功率大一倍左右。机床刚性必须足够，并注意减小振动。

（2）砂轮速度必须足够，保证在高速旋转下不会破裂。砂轮径向和轴向跳动要小，轴承载荷能力要高，除应经过静平衡试验外，最好采用砂轮动平衡装置。砂轮必须有适当的防护罩。

（3）必须具有良好的冷却条件，有效的排屑装置，并注意防止切削液飞溅。

二、强力磨削

强力磨削是 20 世纪 70 年代发展起来的一种高效磨削工艺。强力磨削又叫深磨、蠕动磨削或大切深缓进给磨削。它是以较大的磨削深度（$\alpha_p = 2 \sim 30$ mm 或更多）和很低的工作台进给速度（$v_w = 5 \sim 200$ mm/min）磨削工件，砂轮在一次进给中几乎将全部磨削余量切除。磨削钢材时的材料切除率可达 3 kg/min，磨削铸铁时可达 4.5 ~ 5 kg/min。可直接从铸、锻毛坯上磨出成品，实现了以磨代车、以磨代铣、粗精结合的综合加工。强力磨削生产率高、砂轮损耗小、磨削质量好，缺点是设备费用高。适于磨削高硬度高韧性等难加工材料和淬硬金属的成型加工，如磨削耐热合金、不锈钢等的型面和沟槽。

近年来，强力磨削又出现了大切深、快进给的方式，要求砂轮的线速度达到 120 m/s，工件的进给速度达到 2 500 mm/min，如成形磨削麻花钻的螺旋沟槽，一次进给就可磨出。

强力磨削时的注意事项：

（1）机床电机功率要大，一般在 20 kW 以上，主轴采用滚动轴承。

（2）机床刚性要好。

（3）切削液压力要达 0.8 ~ 1.2 MPa，流量达 80 ~ 200 L/min。

三、超精密磨削与镜面磨削

磨削后，表面粗糙度值 Ra 在 0.01 ~ 0.04 μm 的磨削方法称为超精密磨削；表面粗糙度值 $Ra < 0.01$ μm 的磨削方法称为镜面磨削。我国在 20 世纪 60 年代就研究成功了超精密磨削和镜面磨削，并制造出了相应的高精度磨床，使这项先进磨削技术在生产中得到推广。目前，超精密磨削已成为对钢铁材料和半导体等硬脆材料进行精密加工的主要方法之一。镜面磨削的必要条件是使用具有高刚度、高回转精度的主轴和微量进给机构的磨床，经细心平衡的均质砂轮和精密修整使磨粒尖端变平的砂轮表面。

四、砂带磨削

用高速运动的砂带作为磨削工具，磨削各种表面的方法称为砂带磨削（图 8 - 13）。砂带由基体、结合剂和磨粒所组成（图 8 - 14）。砂带上仅有一层精选的粒度均匀的磨粒，通过高压静电植砂，使其锋刃向上，单层均匀分布在基体表面。砂带上的磨粒分布等高性好，重叠、堆积较少。与砂轮磨削类似，砂带磨削时，其磨粒对工件既有切削作用，又有刻划和滑擦作用。因此，砂带磨削材料切除率高，磨削表面质量也好。

砂带磨削的应用十分广泛，它既能磨削普通钢铁材料，也能磨削各种难加工材料、新型刚玉砂带，尤其适于对各种不锈钢、镍铬耐热合金等材料进行高效磨削。在磨削大尺寸薄板、长径比大的外圆和内孔、薄壁件和复杂型面时砂轮磨削表现更为优越。因此,它是一项很有发展前景的磨削方法。目前,在工业发达国家,砂带磨削量已占磨削加工量的一半左右。

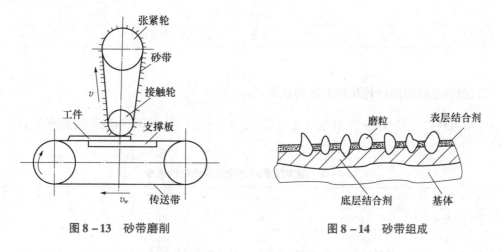

图 8 – 13　砂带磨削　　　　　　　　图 8 – 14　砂带组成

8.3　任务实施

8.3.1　砂轮结构类型的选择

一、磨削阶梯轴时砂轮结构类型选择

仔细分析图 5 – 1 可知,$\phi25^{-0.007}_{-0.026}$ mm 两个外圆柱面、$\phi40^{\ 0}_{-0.025}$ mm 外圆柱面、键槽、齿轮面都需要磨削。磨外圆柱面可以选择平行砂轮,薄片砂轮可以磨削键槽,双斜边砂轮或碟形 3 号砂轮可以磨削齿轮。

二、磨削主轴箱时砂轮结构类型选择

仔细分析图 7 – 1 可知,顶面 A、B、C 导轨面及前面 D 都需要磨削。磨大平面可以选择平行砂轮或者筒形砂轮,磨导轨面可以选择碗形砂轮。

8.3.2　砂轮结构参数的选择

一、磨削阶梯轴时砂轮结构参数的选择

阶梯轴材质是 45 钢,选用棕刚玉磨料,粒度、结合剂、硬度和组织的选择如表 8 – 7 所示。

表8-7　磨削阶梯轴时砂轮结构参数的选择

加工表面	粒度	结合剂	硬度	组织
外圆柱面	40#	陶瓷	中1	5
键槽面	40#	树脂	中1	5
齿轮	60#	陶瓷	中硬1	3

二、磨削主轴箱时砂轮结构参数的选择

主轴箱材质是铸铁,选用黑色碳化硅磨料,粒度、结合剂、硬度和组织的选择如表8-8所示。

表8-8　削主轴箱时砂轮结构参数的选择

加工表面	粒度	结合剂	硬度	组织
顶面 A、前面 D	40#	陶瓷	中1	5
B、C 导轨面	60#	陶瓷	中硬1	3

复习思考题

1. 磨削加工可以加工的表面主要有哪些?

2. 外圆磨削的方法有几种? 各有什么特点?

3. 与外圆磨削相比,内圆磨削有什么特点?

4. 什么是砂轮? 其组成要素和特性参数有哪些?

5. 常用磨料有哪几种? 各用什么代号表示? 有什么特性? 适用于何种场合?

6. 粒度号如何表示? 如何选用?

7. 砂轮硬度与磨料硬度有何不同? 如何选择砂轮硬度?

8. 什么叫作砂轮的自锐性?

9. 砂轮的组织号表示什么意思? 一般磨削常用的组织号是多少?

10. 外圆磨削有哪些运动? 磨削用量如何表示?

11. 磨削加工与其他切削加工方法比较有何特点?

12. 砂轮的磨损有哪几种形式? 怎样判断砂轮是否已磨损? 常用的修整砂轮工具有哪些?

13. 常见的先进磨削方法有哪些? 各有什么特点?

教学单元 9　其他刀具简介

9.1　刨刀

一、概述

刨削是在刨床上使用刨刀进行切削加工的一种方法。在牛头刨床(图9-1)上刨削时,刨刀的往复直线移动为主运动,工件随工作台在垂直子主运动方向作间歇性的进给运动。在龙门刨床(图9-2)上刨削时,切削运动和牛头刨床相反,此时安装在工作台上的工件作往复直线移动为主运动,而刨刀则作间歇性的进给运动。牛头刨床属于中型通用机床,适用于加工中、小型零件。龙门刨床适用于加工大型或重型零件,以及若干件小型零件同时刨削。

刨削的加工范围基本上与铣削相似,可以刨削平面、台阶面、燕尾面、矩形槽、V形槽、T形槽等。如果采用成形刨刀、仿形装置等辅助装置,也可以加工曲面、齿轮的成形表面,如图9-3所示。

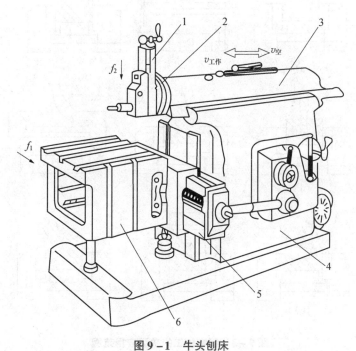

图9-1　牛头刨床

1—刀架;2—转盘;3—滑枕;4—床身;5—横梁;6—工作台

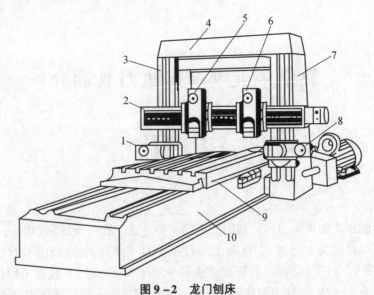

图 9-2　龙门刨床

1,8—左、右侧刀架;2—横梁;3,7—立柱;4—顶梁;
5,6—垂直刀架;9—工作台;10—床身

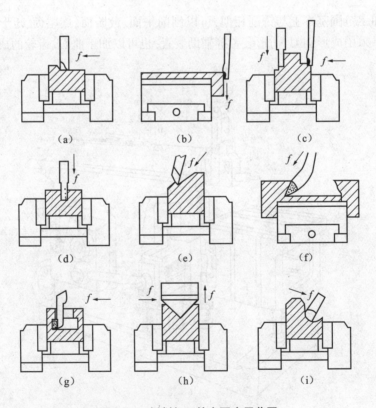

图 9-3　刨削加工的主要应用范围

(a)刨平面;(b)刨垂直面;(c)刨阶台;(d)刨沟槽;(e)刨斜面;(f)刨燕尾槽;(g)刨 T 形槽;(h)刨 V 形槽;(i)刨曲面;

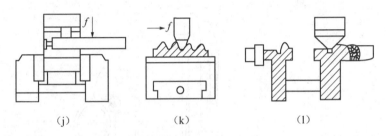

图 9 - 3　刨削加工的主要应用范围(续)

(j)孔内刨削;(k)刨齿条;(l)刨复合表面

二、刨削加工的特点

(1)刨削过程是一个断续的切削过程,刨刀的返回行程一般不进行切削;切削时有冲击现象,也限制了切削用量的提高;刨刀属于单刃刀具,因此刨削加工的生产率是比较低的。但对于狭长平面,则刨削加工生产率较高。

(2)刨刀结构简单,刀具的制造、刃磨较简便,工件安装也较简便,刨床的调整也比较方便,因此,刨削特别适合于单件、小批生产的场合。

(3)刨削属于粗加工和半精加工的范畴,可以达到 IT10 ~ IT7、表面粗糙度 $Ra12.5 \sim 0.4 \, \mu m$,刨削加工也易于保证一定的相互位置精度。

(4)在无抬刀装置的刨床上进行切削,在返回行程时,刨刀后刀面与工件已加工表面会发生摩擦,影响工件的表面质量,也会使刀具磨损加剧,对硬质合金刀具,甚至崩刃。

(5)刨削加工切削速度低和有一次空行程,产生的切削热少,散热条件好,除特殊情况外,一般不使用切削液。

三、插床及其工作

插削是在插床(图 9 - 4)上进行的。插削实际上是一种立式刨削。加工时,插刀安装在滑枕下部的刀架上,滑枕可沿床身导轨作垂直的往复直线运动。安装工件的工作台由下拖板、上拖板及圆工作台等三部分组成。下拖板可作横向进给,上拖板可作纵向进给,圆工作台则可带动工件回转。它的生产率较低,一般只在单件、小批生产时,插削直线的成形内、外表面,如内孔键槽、多边形孔和花键孔等,尤其是能加工一些不通孔或有障碍台阶的内花键槽。

四、刨削加工常用刀具

按刨刀用途分为平面刨刀、偏刀、切刀、弯切刀、角度刀和样板刀等,如图 9 - 5 所示。

(1)平面刨刀用于刨削水平面,有直头刨刀和弯头刨刀。

(2)偏刀用于刨削台阶面、垂直面和外斜面等。

(3)切刀用于刨削直角槽和切断工件等。

(4)弯切刀用于刨削 T 形槽和侧面直槽。

(5)角度刀用于刨削燕尾槽和内斜面等。

(6)样板刀用于刨削 V 形槽和特殊形面。

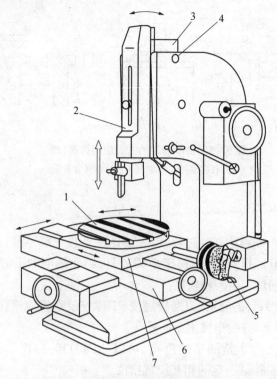

图9-4 插床

1—圆工作台;2—滑枕;3—滑枕导轨座;4—销轴;5—分度装置;6—床鞍;7—溜板

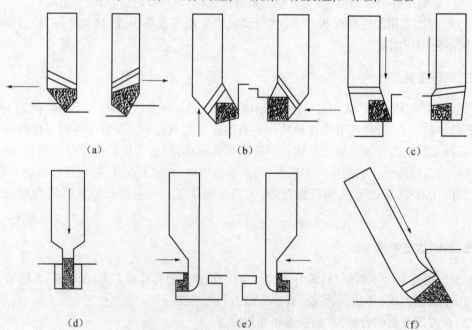

图9-5 常用刨刀的种类和应用

(a)平面刨面;(b)弯头刨刀;(c)偏刀;(d)切刀;(e)弯切刀;(f)燕尾槽角度刨刀

9.2 拉刀

一、拉削概念

拉削是指用拉刀在拉床上加工工件内、外表面的一种加工方法,拉刀可拉削各种形状的通孔和外表面,如图 9 – 6 所示;其中以内孔拉削(含圆柱孔、花键孔、内键槽等)应用最广。

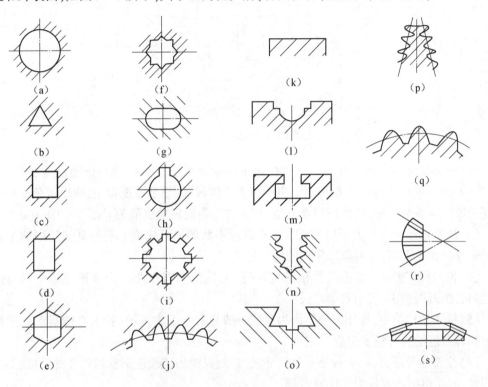

图 9 – 6 拉削加工各种内外表面

(a)圆孔;(b)三角孔;(c)正方孔;(d)长方孔;(e)六角孔;(f)多角孔;(g)鼓形孔;(h)键槽;
(i)花键孔;(j)内齿轮;(k)平面;(l)成形表面;(m)T形槽;(n)榫槽;(o)燕尾槽;
(p)叶片榫轮;(q)圆柱齿轮;(r)直齿锥齿轮;(s)螺旋锥齿轮

拉刀是一种多齿高生产率的精加工刀具。拉削时,拉刀沿轴线作等速直线运动为主运动,没有进给运动;其进给运动是靠拉刀刀齿的齿升量(相邻两齿高度差)来实现的。由于拉刀的后一个(或一组)刀齿比前一个(或一组)刀齿高,从而能够一层层地从工件上切下多余的金属,如图 9 – 7 所示。

二、拉削特点

拉孔与其他孔加工方法比较,具有以下特点:

(1)生产率高。拉刀是多齿刀具,同时参加工作的刀齿多,切削刃的总长度大,一次行程即完成粗、半精及精加工,因此生产率很高。

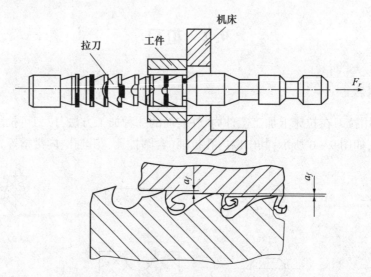

图 9 – 7　拉削工作原理

（2）加工精度与表面质量高。一般拉床采用液压系统，传动平稳；拉削速度较低，一般 $v_c = 2 \sim 8$ m/min，以避免产生积屑瘤。由于拉削速度较低，切削厚度很小，所以可获得较高的精度和较好的表面质量，其拉削精度可达 IT8 ～ IT7，表面粗糙度值为 $Ra3.2 \sim 0.8$ μm。

（3）加工范围广。拉刀可以加工出各种截面形状的内外表面。有些其他切削加工方法难以完成的加工表面，也可以采用拉削加工完成。

（4）拉刀使用寿命长。由于拉削速度很低，而且每个刀齿在一个工作行程中只切削一次，因此，拉刀磨损小，使用寿命较长。

（5）机床结构简单，操作方便。因为拉削一般只有一个主运动（拉刀直线运动），进给运动由拉刀刀齿的齿升量来完成。

（6）拉刀是专用刀具，一种形状与尺寸的拉刀，只能加工相应形状与尺寸的工件，不具有通用性，因此也把拉刀称为定尺寸刀具。

（7）拉刀结构复杂，制造成本高，主要用于成批大量生产中。

由于受到拉刀制造工艺以及拉床动力的限制，过小或特大尺寸的孔均不适宜于拉削加工，盲孔、台阶孔和薄壁孔亦不适宜于拉削加工。

三、拉刀

1. 拉刀的结构

拉刀的种类很多，根据加工表面位置不同可分为内拉刀与外拉刀。内拉刀用于加工各种形状的内表面，常见的有圆孔拉刀、方孔拉刀、花键拉刀和键槽拉刀等；外拉刀用于加工各种形状的外表面。在生产中，内拉刀比外拉刀应用更普遍。

拉刀虽有多种类型，但其主要组成部分基本相同。现以圆孔拉刀为例，对其主要组成部分介绍如下。

普通圆孔拉刀的结构如图 9 – 8 所示，它由前柄、颈部、过渡锥、前导部、切削齿、校准齿和后导部组成。当拉刀过重或太长时,还需做出后柄以便支承拉刀。切削齿又分为粗切齿、过渡齿和精切齿,其上做有齿升量 f_z,用以达到每齿切除金属层的作用。

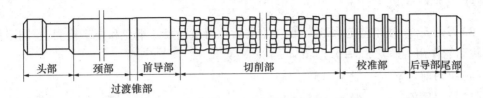

图 9-8 圆孔拉刀的结构

(1)前柄:拉刀前端用以夹持和传递动力的部分。

(2)颈部:前柄与过渡锥之间的连接部分,便于前柄穿过拉床挡壁,也是打标记的地方。

(3)过渡锥:引导拉刀前导部逐渐进入工件预制孔中,并起对准中心的作用。

(4)前导部:用于引导拉刀的切削齿正确地进入工件孔中,防止拉刀偏斜,并可检查工件预制孔的孔径是否过小,以免拉刀的第一个刀齿因切削载荷过大而损坏。

(5)切削齿:粗切齿、过渡齿和精切齿的总称,用来切除工件上全部拉削余量。

(6)校准齿:拉刀最后几个尺寸、形状相同的齿,起修光和校准作用,并可作为精切齿的后备齿。

(7)后导部:用于保证拉刀最后的正确位置,防止拉刀在即将离开工件时,因工作下垂而损坏已加工表面和刀齿。

(8)后柄:拉刀后端用于夹持或支持的部分。当拉刀又长又重时使用,用于支承并防止拉刀下垂。

2. 拉刀的几何参数

拉刀切削部分的主要几何参数如图 9-9 所示。

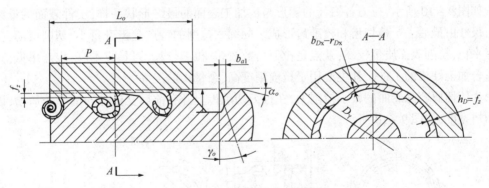

图 9-9 拉刀切削部分几何参数

(1)齿升量 f_z。圆孔拉刀的齿升量是指相邻两刀齿(或齿组)半径方向的高度差。粗切齿的 f_z 较大,一般取 $0.015 \sim 0.2$ mm,用以切除大部分拉削余量(80% 以上);精切齿的 f_z 很小,一般为 $0.05 \sim 0.02$ mm,精切齿的齿数可取 $3 \sim 7$ 个;过渡齿的 f_z 是在粗切齿和精切齿之间逐渐减小;校准齿上 $f_z = 0$,仅起校准作用,其齿数通常为 $3 \sim 7$ 个。

(2)齿距 P。齿距 P 是指相邻两刀齿间的轴向距离。一般 $P = (1.25 \sim 1.9)\sqrt{L_o}$,式中

L_o 为拉削长度。齿距大小直接影响刀齿容屑空间和同时工作齿数 Z_e,为保证拉削过程平稳,应取 $Z_e = 3 \sim 8$, $Z_e = \dfrac{L_o}{P} + 1$。

(3)刃带 b_{a1}。刃带起支承刀齿、保持重磨后拉刀直径尺寸不变和便于检测、控制刀齿径向圆跳动的作用。通常 $b_{a1} = 0.1 \sim 0.4$ mm。

(4)拉刀前角 γ_o。一般 $\gamma_o = 5° \sim 18°$。

(5)拉刀后角 α_o。一般 $\alpha_o = 1° \sim 3°$。

拉刀工作部分的参数还有容屑槽、齿数,刀齿直径和分屑槽等,在此不再一一介绍。

四、拉削方式

拉削方式是指拉刀切除加工余量的顺序和方式。它决定着拉刀拉削时每个刀齿切下的切削层的截面形状,通常可用图形表示,所以拉削方式又叫拉削图形。拉削方式是否合理,直接影响到刀齿载荷的分配、拉刀的结构、拉削力的大小、拉刀的寿命、生产率、工件表面质量和拉刀制造成本等。

拉削方式有分层式拉削、分块式拉削和综合式拉削三种。分层式包括同廓式和渐成式两种;分块式常用轮切式;将分层式和分块式结合在一起应用的称为综合轮切式。

1. 分层式拉削

分层式拉削是把拉削余量一层一层地顺序切除。由于参加切削的切削刃长度较长,即切削宽度较大(如拉圆孔的好齿,其切削宽度等于圆周长),单位切削力较大,所以切削厚度(齿升量)取值较小,否则会因切削力过大而无法进行切削。根据已加工表面的形成过程,分层式拉削可分为同廓式和渐成式。

1)同廓式

如图 9 - 10 所示,拉刀各刀齿的廓形与被加工表面的最终形状一样,工件表面的最终形状与尺寸由最后一个精切齿和校准齿形成。同廓式拉削的特点是齿升量小,切削层薄,拉削过程平稳,拉削表面质量较高;缺点是拉刀齿数较多,拉刀较长,刀具成本高,生产率低,并且不适合加工硬皮的工件。其主要用于拉前精度高、余量小的工件。

为使切屑容易卷曲的减小拉削力,在拉刀切削齿上开有前后交错分布的窄分屑槽,以减小切屑宽度,如图 9 - 10 所示。

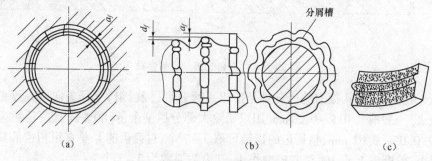

(a)　　　　　　　　　　(b)　　　　　　　　　　(c)

图 9 - 10　同廓式拉削

(a)拉削图形;(b)切削部齿形;(c)切屑

2) 渐成式

如图 9 - 11 所示，渐成式拉刀各刀齿的廓形与被加工表面的形状不同，被加工表面的最终形状和尺寸是由各刀齿的副切削刃切出的表面连接而成，因此，每个刀齿可制成简单的直线形或圆弧形，拉刀制造比同廓式简单，适于复杂成形表面的加工；缺点是在工件已加工表面上可能出现副切削刃的交接痕迹，故拉削表面质量不如同廓式拉削。键槽、花键槽及多边孔常采用这种拉削方式加工。

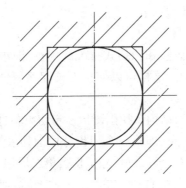

图 9 - 11 渐成式拉削图形

2. 分块式拉削

这种方式是把加工余量分成若干层，每层再分成若干块，拉刀的每个刀齿依次切除一层或两层中的一部分。按分块式拉削方式设计的拉刀，其切削部分是由若干齿组组成的。同一齿组内各刀齿无齿升量，但齿组间齿升量较大。每个齿组中有 2 ~ 3 个刀齿，它们的直径相同，共同切下加工余量中的一层金属，每个刀齿仅切去一层中的一部分，最常用的是轮切式。图 9 - 12 所示为三个切削刀齿为一组的分齿组轮切式拉刀结构及拉削图形。第一、第二切削刀齿的直径相同，都做出同样的圆弧形分屑槽，但切削刃位置相互错开，各切除工件上同一层金属中的几段材料。为避免切削刃与前两个切削刃切成的工件表面摩擦及切下整圈切屑，其直径应比同组其他两个刀齿直径小 0.02 ~ 0.04 mm。

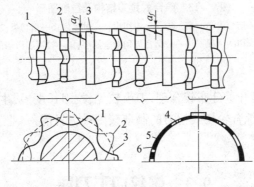

图 9 - 12 轮切式拉刀结构及拉削图形

1—第一齿；2—第二齿；3—第三齿；4—被第一齿切的金属层；

5—被第二齿切的金属层；6—被第三齿切的金属层

分块式拉削与分层式拉削相比，其主要优点是每个切削刀齿上参加工作的长度（即切削宽度）较短，单位切削力小，允许的切削厚度比分层拉削可增大两倍以上，所以在相同的拉削余量下所用刀齿的总数减少了许多，拉刀长度大大缩短，既节省了刀具材料，又大大提高了生产率。它还可拉削带有硬皮的工件。在刀齿上分屑槽的转角处，强度高、散热良好，故刀齿的磨损量也较小。但这种拉刀的结构复杂，制造困难，拉削后工件表面质量较差，主要用于加工尺寸大、余量多的工件。

3. 综合式拉削

综合式拉削集中了分层式拉削和轮切式拉削的优点，即粗切齿和过渡齿制成轮切式结构，精切齿采用同廓分层式结构。这样可以使拉刀长度缩短，生产率提高，又能获得较好的工件表面质量。

图 9－13 所示为综合式拉刀结构及拉削图形。粗切齿和过渡齿采取不分齿组的轮切式拉刀结构，每个刀齿上都有齿升量，即第一个刀齿分段地切去第一层加工余量的一半左右，第二个刀齿比第一个刀齿高出一个齿升量，除了切去第二层加工余量的一半左右外，还切去每一个刀齿留下的第一层加工余量的一半左右。因此，其切削厚度比第一刀齿的切削厚度大一倍。后面的刀齿都以同样顺序交错切削，直到把粗切余量切完为止。粗切齿齿升量较大，过渡齿齿升量逐渐减小。精切齿则采用分层拉削同廓式的刀齿结构，各刀齿的齿升量较小。其也采用了同廓式的刀齿结构，但各刀齿间无齿升量。

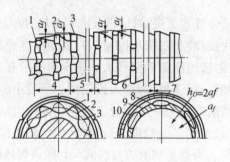

图 9－13　综合式拉刀结构及拉削图形
1—第一齿；2—第二齿；3—第三齿；4—粗切齿；5—过渡齿；6—精切齿；7—校准齿；
8—被第一齿切的金属层；9—被第二齿切的金属层；10—被第三齿切的金属层

综合式拉刀刀齿的齿升量分布较合理，刀齿较少，拉刀长度短，生产效率高，拉削过程平稳，加工表面质量高。但综合轮切式拉刀的制造较困难。目前，专业工具厂生产的圆孔拉刀一般均采用综合拉削方式。

9.3　螺纹加工刀具

螺纹的种类很多，应用很广，螺纹的加工方法和螺纹刀具也很多。按螺纹加工方法，螺纹刀具可分为切削法螺纹刀具(螺纹车刀、螺纹梳刀、螺纹铣刀、螺纹切头、丝锥、圆板牙)和滚压法螺纹刀具两大类。其中应用较广的、有代表性的是丝锥。本节只简介几种常见的螺纹加工刀具。

一、切削加工螺纹刀具

1. 螺纹车刀

螺纹车刀是一种刀具刃形由螺纹牙形决定的成形车刀。其结构简单,通用性好,可用于加工各种形状、尺寸和精度的内、外螺纹。因属单刃刀具,工作时需多次走刀才能切出完整的螺纹廓形,故生产率较低,加工质量主要取决于操作者的技术水平和机床、刀具本身的精度,仅适用于单件、小批量生产。

2. 螺纹梳刀

螺纹梳刀相当于一排多齿螺纹车刀,如图 9 – 14 所示,一般有 6 ~ 8 个刀齿,刀齿由切削部分和校准部分组成,切削部分做成切削锥,刀齿高度依次增大,以使切削载荷分配到几个刀齿上;校准部分齿形完整,起校准、修光作用。螺纹梳刀加工螺纹时,梳刀沿螺纹轴向进给,一次走刀就能切出全部螺纹,所以生产率比单刃螺纹车刀高。螺纹梳刀的结构形式与成形车刀相同,也有平体、棱体和圆体三种。

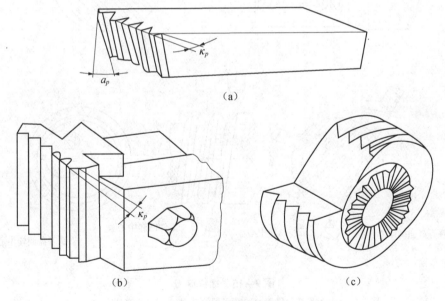

图 9 – 14 螺纹梳刀
(a)平体螺纹梳刀;(b)棱体螺纹梳刀;(c)圆体螺纹梳刀

3. 螺纹铣刀

螺纹铣刀是用铣削方法加工内、外螺纹的刀具。按结构不同,分为盘形螺纹铣刀、梳形螺纹铣刀以及高速铣削螺纹用刀盘(旋风铣刀盘)等,如图 9 – 15 所示。

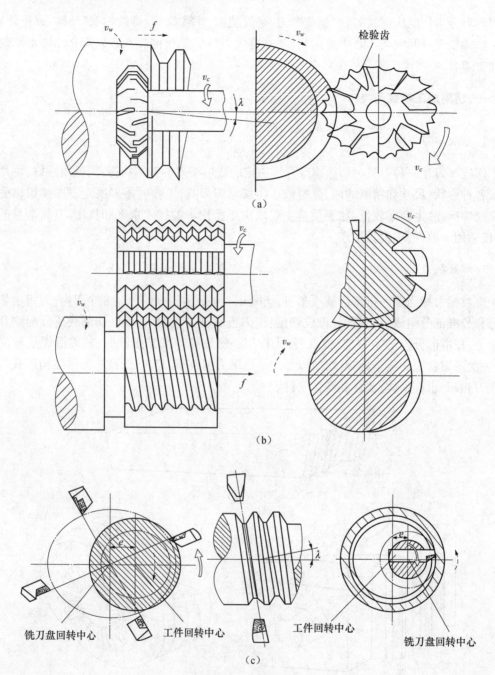

图 9-15　螺纹铣刀

(a)盘形螺纹铣刀；(b)梳形螺纹铣刀；(c)旋风铣刀盘

　　盘形螺纹铣刀用在螺纹铣床上加工大螺距梯形或矩形传动螺纹和蜗杆等。梳形螺纹铣刀用在专用铣床上加工长度较短而螺距不大的三角形螺纹。高速铣削螺纹用刀盘(旋风铣刀盘)是利用装在特殊刀盘上的几把硬质合金切刀进行高速铣削各种内、外螺纹用的刀具。螺纹铣刀可以在经过改装的车床上进行加工，且可对较硬的材料进行切削，是一种高效的螺纹加工刀具。螺纹铣刀的生产效率较高，但加工质量较低，一般用于比量较大螺纹的粗加工。

4. 丝锥

丝锥是加工各种内螺纹的标准螺纹刀具,应用极为广泛。它的外形很像螺栓,沿轴向开出沟槽形成切削刃和容屑槽;在端部磨出切削锥部,可使切削载荷分配在几个刀齿上,切削平稳,同时加工螺纹时丝锥容易切入,如图 9 – 16 所示;校准部分是丝锥工作时的导向部分,也是丝锥重磨后储备部分,它具有完整的齿形,为了减少与工件之间的摩擦,外径和中径向柄部逐渐缩小。

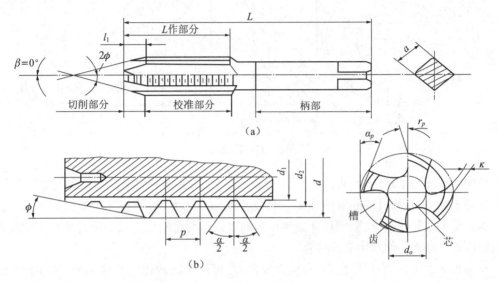

图 9 – 16 丝锥的结构

丝锥结构简单、使用方便,可用于手工操作或在机床上使用,生产率较高,能加工一般精度或高精度螺纹,在中、小尺寸的螺纹加工中,应用广泛。对于小尺寸的三角形内螺纹,丝锥几乎是唯一的切削工具。常用丝锥有:手用丝锥、机用丝锥、螺母丝锥、挤压丝锥和拉削丝锥等。手用丝锥是圆柄方头,这种丝锥一般做成 2 ~ 3 只为一套,每套丝锥的外径、中径和内径均相等,只是切削部分长度不同。这样制造方便,而且第二只或第三只丝锥经过修磨后可改作第一只丝锥使用。

5. 板牙

板牙是加工与修正外螺纹的标准工具。板牙实质上是具有切削角度的螺母。按照结构的不同,板牙可分为圆板牙、方板牙、六角板牙、管形板牙和钳式板牙等。圆板牙是最常用的一种外螺纹切削刀具;方板牙和六角板牙用方扳手和六角扳手带动,用于现场修理工作;管形板牙用于转塔车床和自动车床;钳式板牙由两块拼成,用于修配工作。下面仅介绍圆板牙。

如图 9 – 17 所示的圆板牙外形就像一个圆螺母,为了容纳切屑及形成切削刃,沿轴向钻有 3 ~ 8 个容屑孔,并在两端做有切削锥部,用于加工圆柱螺纹,而加工锥形螺纹的圆板牙只做一个切削锥部,切削锥的齿顶经铲磨而形成后角;板牙中间部分为校准齿,它的齿形是完整的,并不磨出后角,用以校准螺纹和导向。圆板牙的螺纹廓形是内表面,很难磨削,所以无法消除热处理后产生的变形等缺陷。因此,加工螺纹的质量较差,仅用来加工精度和表面质量要求不高的螺纹。由于板牙结构简单、使用方便、价格低廉,故在单件、小批量生产及修配中应用广泛。

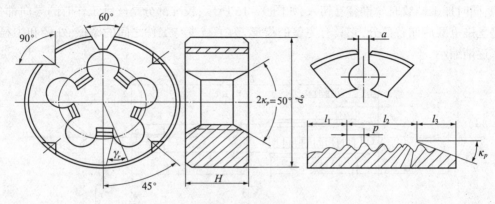

图 9 - 17　圆板牙

使用圆板牙加工螺纹时,将圆板牙装入板牙套中,用紧定螺钉紧固,然后将圆板牙套在工件外圆上,在旋转板牙的同时应在板牙轴线方向施以压力,使圆板牙的螺纹切入工件,然后以圆板牙的螺纹作引导,使圆板牙做螺旋运动以铰出所需的外螺纹。刚开始加工螺纹时,应保持圆板牙端面与螺纹中心线垂直。

当圆板牙加工出的外螺纹直径有偏大现象时,可用片状砂轮将其60°缺口槽切割开,调整圆板牙套上紧定螺钉,使圆板牙螺纹孔径收缩。调整圆板牙直径时,可用标准样规或通过试切的方法来控制螺纹尺寸。圆板牙除手用外,也可在机床上使用。

二、滚压加工螺纹刀具

滚压加工螺纹刀具是利用金属材料表层塑性变形的原理来加工各种螺纹的高效工具。滚压螺纹属于无屑加工,适合于滚压塑性材料。和切削螺纹的刀具相比,滚压螺纹的加工方法生产率高,加工螺纹质量较好,螺纹强度高,滚压工具寿命长。这种滚压方法目前已广泛应用于制造螺纹校准件、丝锥和螺纹量规等。常用的螺纹滚压工具有滚丝轮和搓丝板。

1. 滚丝轮

滚丝轮的工作原理如图 9 - 18(a)所示。滚丝轮要成对使用,两个滚丝轮的螺纹旋向要相同,与工件螺纹旋向相反,分别装在滚丝机的两根平行轴上,齿纹错开半个螺距。工作时,两个滚丝轮同向等速旋转,无轴向运动,工件放在两滚丝轮之间的支承板上,使其中心与滚丝轮等高。滚丝时,动轮逐渐向静轮靠拢,工件逐渐受压,产生塑性变形而形成螺纹。两滚丝轮中心距到达预定尺寸后,动轮停止径向进给,继续滚转几圈以修正螺纹廓形,然后退出动轮,取下工件。两个滚丝轮之间的距离是可调的,故加工的直径范围较大。

2. 搓丝板

搓丝板的工作原理如图 9 - 18(b)所示。搓丝板也是成对使用的,它由动板和静板组成,静板固定在机床工作台上不动,动板随机床滑块一起做往复运动。搓丝板工作时,两搓丝板螺纹方向相同,但和工件的螺纹方向相反;两块搓丝板应严格平行,齿纹应错开半个螺距。当工件进入两块搓丝板之间时,搓丝板夹住工件并使之滚动,搓丝板上的凸起螺纹便逐渐压入工件,最终由于工件塑性变形而被压出螺纹。

搓丝板的生产率比滚丝轮高,但加工精度不如滚丝轮高。搓丝时,由于搓丝板行程的限制,且径向压力较大,工件容易变形,所以只能加工直径小于 24 mm 的 6 级精度螺纹,且不宜加工薄壁工件。

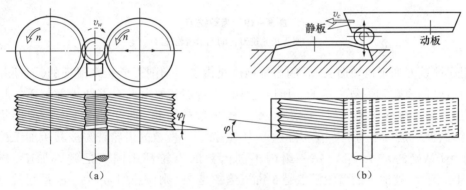

图 9 - 18 滚压螺纹刀具

(a)滚丝轮;(b)搓丝板

9.4 齿轮加工刀具

齿轮刀具是指加工各种齿轮、蜗轮、链轮和花键等齿廓形状的刀具。由于齿轮的种类很多,加工要求及加工方法又各不相同,所以齿轮刀具的种类也很多。齿轮以渐开线圆柱齿轮应用最多,加工渐开线圆柱齿轮的刀具,按齿面切削加工原理分为成形齿轮刀具(如盘形齿轮铣刀和指状齿轮铣刀)和展成齿轮刀具(如齿轮滚刀、插齿刀、剃齿刀等)两大类。

一、成形法齿轮刀具

这类刀具切削刃的廓形与被切齿轮齿槽形状相同或近似相同,常用的有盘形齿轮铣刀和指形齿轮铣刀两种,如图 9 - 19 所示。

1. 盘形齿轮铣刀

盘形齿轮铣刀实际是一把铲齿成形铣刀,如图 9 - 19(a)所示。一般在普通铣床上利用分度头加工直齿或斜齿圆柱齿轮。工作时铣刀旋转并沿齿槽方向进给,铣完一个齿后进行分度,再铣第二个齿,故生产率和加工精度都较低,主要用于单件小批量生产或修配中加工低精度的圆柱齿轮。

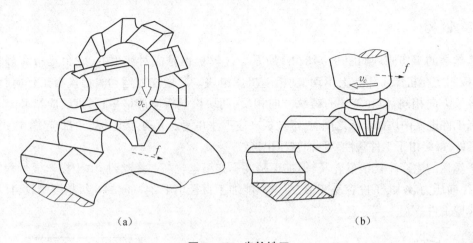

图 9 – 19　齿轮铣刀

(a)盘形齿轮铣刀；(b)指形齿轮铣刀

用这种铣刀加工齿轮时，齿轮的齿廓精度是由铣刀切削刃形状来保证的，而渐开线齿廓是由齿轮的模数和齿数决定的。所以齿轮的模数、齿数不同，渐开线齿廓就不一样。因此，要加工出准确的齿廓，每一个模数、每一种齿数的齿轮，就要相应地用一种形状的铣刀，这样做显然是行不通的。在实际生产中，是将同一模数的齿轮铣刀按其所加工的齿数分为 8 组(精确的是 15 组)，每一组内不同齿数的齿轮都用同一把铣刀加工，分组见表 9 – 1。例如，被加工的齿轮模数是 3 mm，齿数是 28，则应选用 $m = 3$ mm 系列铣刀中的 5 号铣刀来加工。

表 9 – 1　盘铣刀的编号

刀号	1	2	3	4	5	6	7	8
加工齿数范围	12 ~ 13	14 ~ 16	17 ~ 20	21 ~ 25	26 ~ 34	35 ~ 54	55 ~ 134	135 以上

标准齿轮铣刀的模数、齿形角和加工的齿数范围都标记在铣刀的端面上。由于每种刀号的铣刀刀齿形状均按所加工齿数范围中最小齿数设计，因此，加工该范围内其他齿数齿轮时，就会产生一定的齿廓误差。盘形齿轮铣刀适用于加工 $m \leqslant 8$ mm 的齿轮。

表 9 – 1 中各号铣刀的齿形按其加工齿数范围内的是小齿数设计的原因是，齿数少的齿轮齿形曲率半径小，按此齿形制造的铣刀切齿数较多的齿轮时将把齿顶和齿根部分多切下一些，这样对齿轮啮合的影响较小。

2. 指形齿轮铣刀

指形齿轮铣刀实际上是一把成形立铣刀，如图 9 – 19(b)所示，工作时铣刀旋转并进给，工件分度。这种铣刀适合于加工大模数($m > 10$ mm)的直齿、斜齿轮，并能加工人字齿轮。

二、展成齿轮工具

展成齿轮刀具切削刃的廓形不同于被切齿轮任何剖面的槽形，它是根据齿轮的啮合原理设计而成的切齿刀具，切齿时除主运动外，还需有刀具与齿坯的相对啮合运动，称为展成运动。工件齿形是由刀具齿形的展成运动中若干位置包络切削形成的。齿轮滚刀、插齿刀、剃齿刀、蜗轮刀具和锥齿轮刀具等均属展成齿轮刀具。

展成齿轮刀具的特点是,用同一把刀具可加工同一模数的任意齿数的齿轮,加工精度与生产率均较高,通用性好,在成批加工齿轮时被广泛使用。

1. 齿轮滚刀

1) 齿轮滚刀的工作原理

图 9 – 20 所示为齿轮滚刀,它是按展成法原理加工齿轮的刀具,在齿轮制造中应用很广泛,可以用来加工外啮合的直齿轮和斜齿轮。其加工齿轮的模数范围内 0.1 ~ 40 mm,且同一把齿轮滚刀可加工相同模数的任意齿数的齿轮。

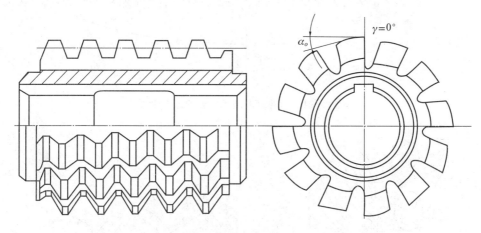

图 9 – 20　齿轮滚刀

图 9 – 21 所示为用齿轮滚刀加工齿轮的工作原理图。齿轮滚刀加工齿轮时相当于一对交错轴啮合的斜齿轮(如图 9 – 22 所示),只是其中一个齿轮直径较小,齿数很少(一般只有一个或两个齿),螺旋角 β 很大,牙齿很长,以致每一个齿绕本身轴转几圈,使这个齿轮变成了一个螺纹升角 γ_ω 很小的蜗杆形状,如图 9 – 23 所示,但此蜗杆与齿轮的啮合性质并未改变。齿轮滚刀实际上就相当于这个蜗杆,只是在蜗杆上开出了容屑槽,以形成前刀面和切削刃,并做出了后角。容屑槽有直槽和螺旋槽两种,如图 9 – 24 所示。滚刀的头数就是斜齿轮的齿数。由图 9 – 23 可以看出,滚刀虽做出了容屑槽和后角,但切削刃仍保持在蜗杆的螺旋面上。这个蜗杆就是滚刀的基本蜗杆。

滚齿的主运动是滚刀的旋转运动,进给运动包括齿坯的转动及滚刀沿工件轴线向下的进给移动。为保持滚刀与工件齿向一致,滚刀轴线与工件端面需倾斜一个安装角 φ,如图 9 – 25 所示。调节滚刀与工件的径向距离,即可控制滚齿时的背吃刀量。滚切斜齿轮时,除上述运动外,工件还有一个附加转动,附加转动的大小与斜齿轮螺旋角大小有关,它与滚刀进给运动配合,可在工件圆柱表面切出螺旋齿槽。

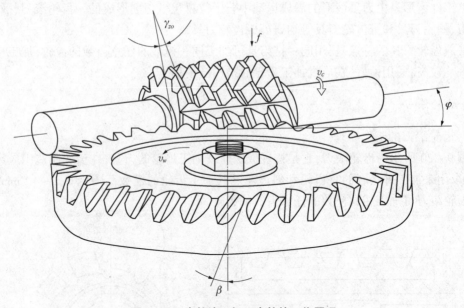

图 9 – 21　齿轮滚刀加工齿轮的工作原理

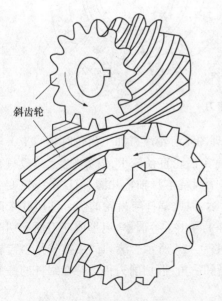

图 9 – 22　交错轴啮合的斜齿轮副

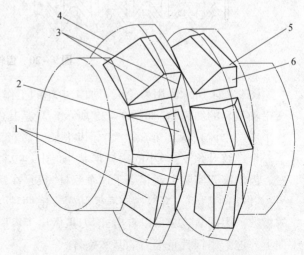

图 9 – 23　滚刀的基本蜗杆

1—侧后面；2—顶后面；3—侧刃；4—基本蜗杆螺旋面；

5—顶刃；6—前面

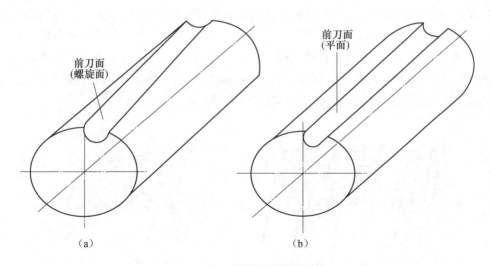

（a）　　　　　　　　　　　　（b）

图 9 – 24　齿轮滚刀的容屑槽

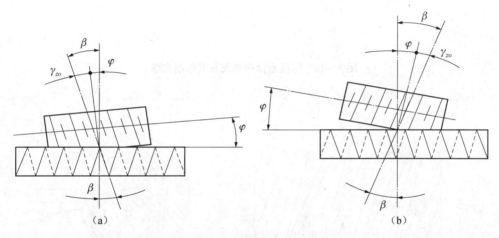

（a）　　　　　　　　　　　　（b）

图 9 – 25　齿轮滚刀的安装角

（a）螺旋角旋向一致，$\varphi = \beta - \gamma_{zo}$ ；（b）螺旋角旋向相反，$\varphi = \beta + \gamma_{zo}$

2）齿轮滚刀的基本蜗杆

滚刀的基本蜗杆有渐开线蜗杆、阿基米德蜗杆和法向直廓蜗杆三种。加工渐开线齿轮所用的滚刀，其基本蜗杆理应是渐开线基本蜗杆，但由于渐开线基本的轴向、法向剖面的齿形都不是直线形状，故给滚刀的加工制造及精度控制带来困难。实际生产中，常采用轴向剖面为直线形的阿基米德基本蜗杆（图 9 – 26）滚刀，即阿基米德滚刀，以及在齿形任意法向剖面中具有直线齿形的法向直廓基本蜗杆（图 9 – 27）滚刀，即法向直廓滚刀。

阿基米德蜗杆和法向直廓蜗杆的制造及检验都比渐开线蜗杆方便，虽然两者的齿形有造形偏差，使用它们加工出来的齿轮齿形有一定的误差，但这一误差很小，不致影响齿轮的加工精度。

3）齿轮滚刀的选用

按国家标准规定，齿轮滚刀的精度等级分为四级：AA、A、B、C 级，分别用于加工 6 ~ 7

级、7～8级、8～9级和9～10级精度的齿轮。滚刀的精度等级一般标注在滚刀端面上。一般工具厂制造的标准齿轮滚刀均为阿基米德滚刀。模数为1～10 mm的标准齿轮滚刀一般用高速钢整体制造，均用0°前角直槽，它的主要优点是制造、刃磨、检验方便。大模数的标准齿轮滚刀一般可用镶齿式，一是节省高速钢材料，同时也因为镶齿滚刀刀片锻造方便、金相组织细化、热处理易于保证质量，因此切削性能好、寿命长。

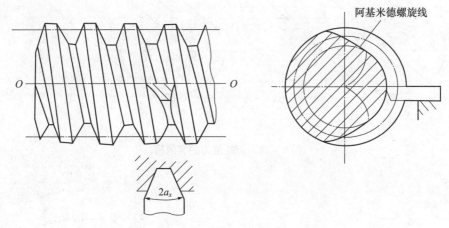

图9-26　阿基米德螺旋面及其车削方法

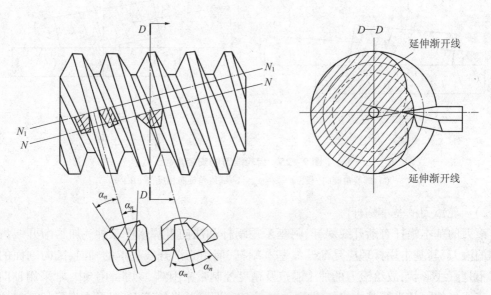

图9-27　法向直廓螺旋面及其车削方法

在用齿轮滚刀加工齿轮时，应按齿轮要求的精度等级，选用相适应精度等级的齿轮滚刀，凡是用较低精度的滚刀能满足使用要求时，尽量不用高精度的滚刀，以免造成浪费。滚刀的螺旋方向与被加工齿轮的相同，若加工直齿轮，则一般选用右旋齿轮滚刀。滚刀安装到机床上以后，要用千分表检查滚刀两端轴台的径向跳动量（图9-28），使其不超过允许值（一般加工外径200 mm以下8级精度齿轮时应不大于0.03 mm），且两轴台的跳动方向和数值应尽可能一致，以免滚刀轴线在安装中产生偏斜。

滚齿过程中,各刀具担负切削的载荷量是不均匀的,越靠近滚刀和被切齿啮合点的刀齿,其切削量越大,磨损越快;越远离啮合点的刀齿切削量越小,磨损较慢。为能充分利用滚刀各刀齿,延长其使用寿命,应使滚刀在切削一定数量的齿轮后,沿其轴线移动一定距离,称为适时窜位。

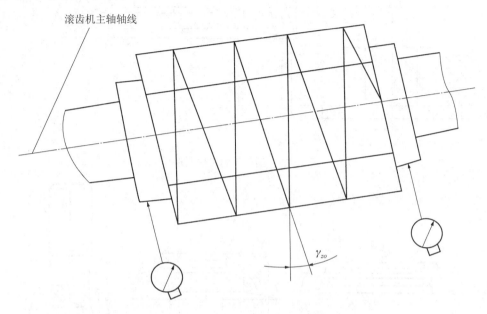

滚齿机主轴轴线

γ_{zo}

图 9 - 28　滚刀安装后径向跳动量的检查

2. 插齿刀

1) 插齿刀的工作原理

在生产中,插齿刀是仅次于齿轮滚刀的常用齿轮刀具。插齿刀也是利用展成法原理加工齿轮,同一把插齿刀可以加工模数和齿形角相同而齿数不同的齿轮。它既可加工外啮合齿轮,也能加工内齿轮、塔形齿轮、带凸肩齿轮、人字齿轮及齿条等。插齿刀的形状很像一个圆柱齿轮,其模数、齿形角与被加工齿轮对应相等,只是插齿刀有前角、后角和切削刃。

在齿轮加工过程中,插齿刀的上下往复运动是主运动,向下为切削运动,向上为空行程。此外还有插齿刀的回转运动与工件的回转运动相配合的展成运动。开始切削时,在机床凸轮的控制下,插齿刀还有径向进给运动,沿半径方向切入工件至预定深度后径向进给停止,而展成运动仍继续进行,直至齿轮的牙齿全部切完为止。为避免插齿刀回程时与工件摩擦,还有被加工齿轮随工作台动作的让刀运动,如图 9 - 29 所示。

2) 插齿刀的选用

常用的直齿插齿刀已标准化,按照 GB/T 6081—2001 规定,直齿插齿刀有盘形、碗形和锥柄插齿刀,如图 9 - 30 所示。盘形插齿刀用于加工普通直齿外齿轮和大直径内齿轮,碗形插齿刀用于加工塔形和多联直齿轮,锥柄插齿刀用于加工直齿内齿轮。

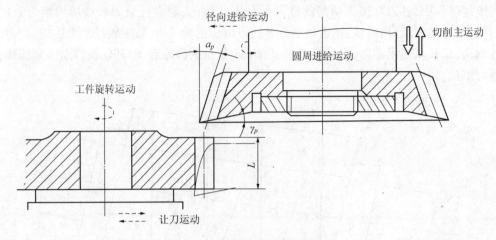

图9-29 插齿刀的工作原理

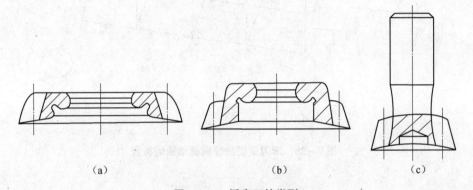

（a）　　　　　　　　　　（b）　　　　　　　　　　（c）

图9-30 插齿刀的类型
（a）盘形插齿刀；（b）碗形插齿刀；（c）锥柄插齿刀

　　插齿刀有 AA 级、A 级和 B 级三个精度等级，可分别加工6级、7级、8级精度的齿轮。插齿刀使用前要校验加工时是否会产生顶切、根切和过渡曲线干涉。插齿刀一般用高速钢制造，现在中、小模数的插齿刀也有用硬质合金制造的。

3. 剃齿刀

1）剃齿刀工作原理

　　剃齿刀常用于未淬火的软齿面圆柱齿轮的精加工。滚齿或插齿以后经过剃齿加工，其精度可达6~8级，表面粗糙度为 $Ra3.2~1.6\ \mu m$，且生产率很高，在成批大量生产中得到广泛应用。剃齿加工在原理上也属于展成法。由于剃齿加工相当于一对交错轴斜齿轮啮合传动过程，所以剃齿刀实质上也是一个高精度的圆柱斜齿轮，并且在齿侧面上沿齿向做出了许多小的凹形容屑槽而形成切削刃，如图9-31所示。剃齿时，剃齿刀安装在剃齿机床的主轴上做旋转运动，工件安装在心轴上，心轴的两端面有中心孔与工作台上的顶尖精确配合。剃齿刀与工件的轴线交错在一定角度，由剃齿刀带动工件自由转动并模拟一对斜齿轮做双面无侧隙啮合运动（如图9-32所示），同时剃齿刀对工件施加一定压力，在啮合过程中二者沿齿向和齿形面产生相对滑移，利用剃齿刀沿齿向开出的侧面凹槽切削刃沿工件齿向切去一层很薄的金属(厚度为 0.005 ~ 0.01 mm)。

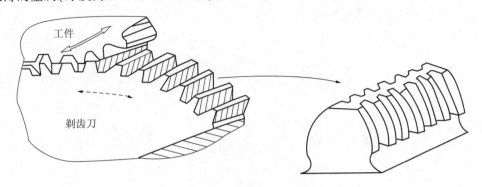

图 9 – 31 剃齿刀

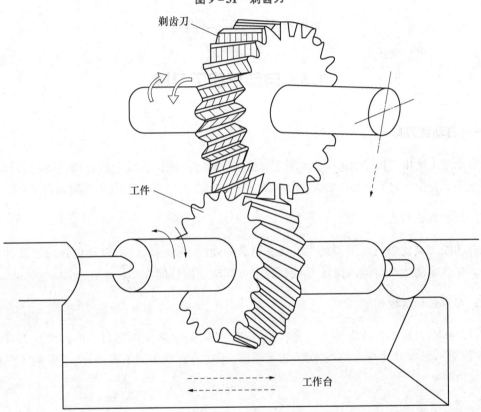

图 9 – 32 剃齿刀工作原理

从剃齿原理分析可知,两齿面是点接触,但因工件材料的弹、塑性变形面而成为小面积接触。工件转过一转后,齿面上只留下接触点斑痕,如图 9 – 33 所示。为了使工件整个齿面都能得到加工,工件必须做往复直线运动。工作台带动工件在每次单向行程后,剃齿刀反转,工作台反向时,剃削齿轮的另一侧面。工作台双向行程后,剃齿刀沿工件径向间歇进给一次,逐渐剃去齿面的加工余量,以达到工件加工要求。

2) 剃齿刀的选用

要选用模数和齿形角与被剃齿轮相同的剃齿刀。剃齿刀的精度标准各国不同,我国剃齿刀精度标准有 A 级和 B 级两个精度等级。A 级适用于 6 级齿轮,B 级适用于加工 7 级齿轮。但小模数($m < 1$ mm)剃齿刀尚无统一标准,只有企业标准,精度分为 A、B、C 三个等级,用于加工 6 级、7 级、8 级精度齿轮。

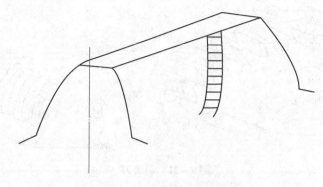

图9–33　剃齿刀上接触线

9.5　自动化加工刀具

一、自动线刀具

自动线上所用刀具必须适应自动线特有的工作条件,使自动线上的机床设备与刀具能在最佳条件下工作。为了满足自动线生产率高、辅助时间少的要求,自动线刀具应具备以下特点:

1. 切削性能稳定可靠

自动线刀具比单机通用刀具要求具有更高的硬度、强度和韧性,以及更好的耐磨性和热硬性。在规定的生产时间内保证刀具有稳定可靠的切削性能。

2. 可靠的切屑控制

自动线上刀具的参数应易于切屑卷曲、折断和排出,必须控制切屑不能缠绕在刀具的工件上,从而不影响刀具寿命、不划伤已加工表面、不妨碍自动线的工作循环、不影响零件的输送和定位等。

3. 迅速地更换或自动换刀

为了减少因换刀而造成的停机时间,必须实现快速换刀。一般采用机外调整刀具,即预先在线外调整刀具达到规定的尺寸精度,当自动线刀具的切削时间达到规定的使用寿命时,能够快速调换刀架上的刀具,使之能与机床快速、准确地接合和脱开,并能适应机械手或机器人的操作。更换刀具的基本方式如图 9–34～图 9–36 所示。

4. 方便迅速的预调整装置

在自动线外利用对刀装置将刀具预先调整到加工时所要求的尺寸,如图 9–37 所示。这种调整刀具应当是简便迅速的。

5.复合程度高

复合程度高,以减少刀具数量,降低刀具管理难度。要发展和使用多种复合刀具,如钻-扩、扩-铰等,使原来需要多道工序、多种刀具才能完成的工作,在一道工序中由一把刀具完成,以提高生产效率,保证加工精度。

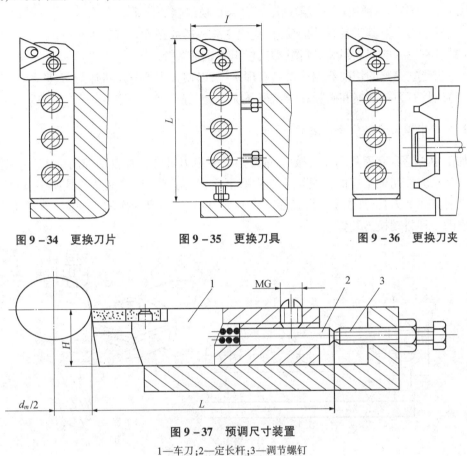

图9-34 更换刀片   图9-35 更换刀具   图9-36 更换刀夹

图9-37 预调尺寸装置
1—车刀;2—定长杆;3—调节螺钉

6.可靠的刀具工作状态监控系统

切削过程中,刀具的磨损和破损是引起停机的主要因素。因此,在自动线上应设置专用的刀具工作状态监控装置,以便及时发现破损情况,并及时更换刀具。对切削过程中刀具状态的实时监控与控制,已成为机械加工自动化生产系统中必不可少的措施。

二、数控机床刀具

1.特点与要求

数控机床和加工中心的切削加工应适应小批量多品种,并按预先编好的程序指令自动地进行加工。由于数控机床和加工中心的加工过程是自动进行的,因此,对刀具的要求(如

良好的切削、可靠的断屑、快速调整与更换等)与自动线刀具基本相同。但由于其工作的特点,数控刀具也有一些特殊的地方,如刀具的存储、在机床上的安装和自动换刀以及为达到以上目的而具有一套刀具柄部标准系统等。对于数控机床和加工中心用的刀具,除应具备普遍刀具应有的性能外,还应满足以下要求:

(1)必须从数控加工的特点出发来制定数控刀具的标准化、系列化和通用化结构体系。数控刀具系统应是一种模块式、层次化、可分级更换组合的体系。

(2)对于刀具及其工具系统的信息,应建立完整的数据库及其管理系统。

(3)应有完善的刀具组装、预调、编码标识与识别系统。

(4)应建立完整的切削数据库及其管理系统,以便合理地利用机床与刀具。

(5)应具有刀具磨损和破损在线监测系统。

2.加工中心的自动线换刀装置

加工中心是具有刀具库和机械手、能够自动更换刀具的一种自动控制机床。根据指令,机械手将已完成切削工序的刀具从主轴中取下送回刀具库,接着又从刀具库中取出下道工序加工所需要的刀具,如图9-38所示。刀具库、机械手联合动作的自动换刀装置是目前采用最多的一种自动换刀装置。

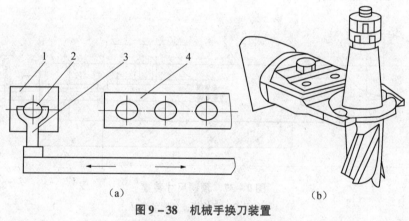

图9-38 机械手换刀装置

(a)换刀过程;(b)机械手加持刀具

1—主轴箱;2—刀具;3—机械手;4—刀具库

复习思考题

1.螺纹刀具有哪些类型? 各适合于什么场合?

2.试说明丝锥和圆板牙的结构特点及应用场合。

3.试说明螺纹滚压工具的类型和工作情况。

4.简述拉削加工的特点与应用。

5.简述圆孔拉刀的组成和各部分作用。

6.什么是拉削方式? 拉削方式可分为几类? 各有何优缺点及适用范围?

7.轮切拉削方式的刀齿有何特点?

8. 用图表示拉削图形,并说明它们的拉削特点。

9. 齿轮铣刀为何要分套制造? 各号铣刀加工齿数范围按什么原则划分?

10. 加工模数 $m = 6$ 的齿轮,齿数 $Z_1 = 36$、$Z_2 = 34$,试选择盘形齿轮铣刀的刀号,在相同的切削条件下,哪个齿轮的加工精度高? 为什么?

11. 什么是滚刀的基本蜗杆? 加工渐开线齿轮的滚刀基本蜗杆有哪几种? 常用哪一种? 为什么?

12. 使用滚刀时如何正确安装、调整和重磨?

13. 选用插齿刀时应验算哪些项目?

14. 试述剃齿刀的工作原理。

15. 对自动化加工用刀具有哪些特殊要求?

16. 简述自动化加工中常用的自动换刀方法。

参 考 文 献

[1]刘华杰,任昭蓉.金属切削与刀具实用技术[M].北京:国防工业出版社,2006.

[2]陆剑中,周志明.金属切削原理与刀具[M].北京:机械工业出版社,2006.

[3]陈锡渠,彭晓南.金属切削原理与刀具[M].北京:中国林业出版社,2006.

[4]王洪琳.金属切削原理与刀具[M].济南:山东大学出版社,2006.

[5]吴拓.金属切削加工及装备[M].北京:机械工业出版社,2006.

[6]胡黄卿.金属切削原理与机床[M].北京:化学工业出版社,2004.

[7]袁广.金属切削原理与刀具[M].北京:化学工业出版社,2006.

[8]王茂元.机械制造技术[M].北京:机械工业出版社,2006.

[9]马慧,赵建国,马伟民.金属切削加工基本技能实训教材[M].北京:机械工业出版社,2005.

[10]机械工业部.金属切削原理与刀具(中级冷加工适用)[M].北京:机械工业出版社,2004.

[11]静恩鹤.车削刀具技术及应用实例[M].北京:化学工业出版社,2006.

[12]王平嶂.机械制造工艺与刀具[M].北京:清华大学出版社,2005.

[13]朱正心.机械制造技术[M].北京:机械工业出版社,2006.

[14]韩步愈.金属切削原理与刀具(2版)[M].北京:机械工业出版社,2006.

[15]王泓.机械制造基础[M].北京:北京理工大学出版社,2006.

[16]黄鹤汀,吴善元.机械制造技术[M].北京:机械工业出版社,2006.

[17]孙学强.机械制造基础[M].北京:机械工业出版社,2006.

[18]张普礼.机械加工工艺装备[M].南京:东南大学出版社,2000.

[19]卢福桢.金属切削原理与刀具[M].北京:机械工业出版社,2008.

[20]王晓霞.金属切削原理与刀具[M].北京:航空工业出版社,2000.

[21]刘镇昌.切削液技术[M].北京:机械工业出版社,2008.